青少年心理自助文库
自强丛书

U0668343

自　勉

与尔同销万古愁

郭龙江/编著

学会自勉，可以让你造就人生的奇迹！
学会自勉，可以让你发掘个人最大的潜力！

中国出版集团　现代出版社

图书在版编目(CIP)数据

自勉:与尔同销万古愁 / 郭龙江编著. —北京：现代出版社，2013.7

ISBN 978-7-5143-1605-6

Ⅰ. ①自… Ⅱ. ①郭… Ⅲ. ①成功心理 - 青年读物 ②成功心理 - 少年读物 Ⅳ. ①B848.4 - 49

中国版本图书馆 CIP 数据核字(2013)第 149168 号

编　　著	郭龙江
责任编辑	窦艳秋
出版发行	现代出版社
通讯地址	北京市安定门外安华里 504 号
邮政编码	100011
电　　话	010 - 64267325 64245264(传真)
网　　址	www.1980xd.com
电子邮箱	xiandai@ cnpitc.com.cn
印　　刷	北京中振源印务有限公司
开　　本	710mm×1000mm　1/16
印　　张	14
版　　次	2019 年 4 月第 2 版　2019 年 4 月第 1 次印刷
书　　号	ISBN 978-7-5143-1605-6
定　　价	39.80 元

P 前 言
PREFACE

为什么当今时代一部分青少年拥有幸福的生活却依然感觉不幸福、不快乐？又怎样才能彻底摆脱日复一日的身心疲惫？怎样才能活得更真实、更快乐？越是在喧嚣和困惑的环境中无所适从，我们越是觉得快乐和宁静是何等的难能可贵。其实，正所谓"心安处即自由乡"，善于调节内心是一种拯救自我的能力。当我们能够对自我有清醒认识，对他人能够宽容友善，对生活能无限热爱的时候，一个拥有强大的心灵力量的你将会更加自信而乐观地面对一切。

青少年是国家的未来和希望。对于青少年的心理健康教育，直接关系着下一代能否健康成长，能否承担起建设和谐社会的重任。作为家庭、学校和社会，不能仅仅重视文化专业知识的教育，还要注重培养孩子们健康的心态和良好的心理素质，从改进教育方法上来真正关心、爱护和尊重他们。如何正确引导青少年走向健康的心理状态，是家庭、学校和社会的共同责任。因为心理自助能够帮助青少年解决心理问题、获得自我成长，最重要之处在于它能够激发青少年自我探索的精神取向。自我探索是对自身的心理状态、思维方式、情绪反应和性格能力等方面的深入觉察。很多科学研究发现，这种觉察和了解本身对于心理问题就具有治疗的作用。此外，通过自我探索，青少年能够看到自己的问题所在，明确在哪些方面需要改善，从而"对症下药"。

成功青睐有心人。一个人要想获得事业上的成功，就要有自信，就要把握住机遇，勇于尝试任何事。只有把更多的心血倾注在事业中，你才能收获

成功的果实。

远大的目标是人生成功的磁石。一个人如果仅仅拥有志向，没有目标，成功就无从谈起。

一个建筑工地上有三个工人在砌一堵墙。

有人过来问："你们在干什么？"

第一个人没好气地说："没看见吗？砌墙。"

第二个人抬头笑了笑说："我们在盖幢高楼。"

第三个人边干边哼着歌曲，他的笑容很灿烂："我们正在建设一个城市。"

十年后，第一个人在另一个工地上砌墙；第二个人坐在办公室里画图纸，他成了工程师；第三个人呢，是前两个人的老板。

三个原本是一样境况的人，对一个问题的三种不同回答，反映出他们的三种不同的人生目标。十年后还在砌墙的那位胸无大志，当上工程师的那位理想比较现实，成为老板的那位志存高远。最终不同的人生目标决定了他们不同的命运：想得最远的走得也最远，没有想法的只能在原地踏步。

远大美好的人生目标能吸引人努力为实现它而奋斗不止。每当你懈怠、懒惰的时候，它犹如清晨叫早的闹钟，将你从睡梦中惊醒；每当你感到疲惫、步履沉重的时候，它就似沙漠之中生命的绿洲，让你看到希望；每当你遇到挫折、心情沮丧的时候，它又犹如破晓的朝日，驱散满天的阴霾。

在人生目标的驱策下，人们能不断地激励自己，获得精神上的力量，焕发出超强的斗志。那样，你就能收获成功的果实。

本丛书从心理问题的普遍性着手，分别描述了性格、情绪、压力、意志、人际交往、异常行为等方面容易出现的一些心理问题，并提出了具体实用的应对策略，以帮助青少年读者驱散心灵的阴霾，科学调适身心，实现心理自助。

本丛书是你化解烦恼的心灵修养课，可以给你增加快乐的心理自助术。本丛书会让你认识到：掌控心理，方能掌控世界；改变自己，才能改变一切。本丛书还将告诉你：只有实现积极心理自助，才能收获快乐人生。

C目　录
CONTENTS

目

录

第三篇　悔恨是痛苦之源

第四篇　知足者才能常乐

第五篇　告诉自己说"我能"

第六篇　做独一无二的自己

目录

第一篇 >>>

烦恼都是自找的

人的情绪不是由于某一事件直接引起的，而是因为当事人对事件做出了悲观的认识和评价，从而形成了某种信念，导致了负面情绪的出现。也就是说烦恼的根源在于看待事件的角度，而并非事件本身。

正如一位心理学家所说："态度比事实重要得多。"在很多时候，烦恼都是我们自己找来的，我们总是在殚精竭虑地构思着明天，却从未想过好好地享受今天，当明天成为昨天，我们的心中仍然只有明天。我们在不断地预支着明天的烦恼，也就不断透支着生命。

认清楚烦恼的真相

说起烦恼，相信大家都有亲身体验。生活中，人们常因一些琐事而陷入烦恼之中。但是，要用明白的语言来说明烦恼究竟是怎么回事，可能就没有几个人能说清楚了。

心理学家调查研究发现，即使是语言修养很高的烦恼者也难以说清楚烦恼是什么，但多数人都共认烦恼的一些特点，如：

烦恼总是包含着不少想象和猜测。想象中的事情不是真实的，但是想象带来的烦恼是真实的；烦恼常常包含着理性的推断，叫人对猜测深信不疑；数量极多，每时每刻都有可能发生，躲不开，推不掉，叫人总是不顺心、不如意，憋在心里难受，发泄出来又不知从何说起；烦恼使人的注意力专注于烦恼本身，一旦被烦恼缠上了，就很难脱身，有时明知道不该这样，却还是控制不住自己。

对此，心理学家得出了如下结论：人的情绪不是由于某一事件直接引起的，而是因为当事人对事件做出了悲观的认识和评价，从而形成了某种信念，导致了负面情绪的出现。也就是说烦恼的根源在于看待事件的角度，而并非事件本身。正如一位心理学家所说："态度比事实重要得多。"

这一观点在心理学上被称作"ABC"理论，其中，A 代表某一事件，B 代表信念，C 代表当事人的情绪与行为。A 并不会直接导致 C 的发生，但却能通过中间的 B 起作用。比如一个人被领导炒了鱿鱼，他认为自己为公司立下了汗马功劳，是领导嫉贤妒能，这种信念使他觉得自己受到了不公平的待遇，他便越发地讨厌开除他的领导，使自

己陷入愤怒和烦恼之中。反过来说，如果他想，这个公司的领导嫉贤妒能，待下去也没有大发展，刚好借这个机会跳到别的公司，说不定还能有更好的发展。这种理性、乐观的信念，则会使自己情绪有所好转，或者根本就不会有烦恼情绪的产生。

所以，当我们被烦恼、愤怒等负面情绪包围时，在钻牛角尖想原因之前，不妨换个角度检查一下自己的态度，看看我们是不是太过消极。如果是，就赶快调整自己的心态，重新评价所发生的事情。要时刻记住这句至理名言："生活就是一面镜子，你怎么对待它，它就怎么对待你。"当你明白了这个道理时，相信生活中的大部分烦恼都会自动消失了。

然而生活中也有一些让我们怎么想也想不通的事情在产生大量的不良情绪，而且这种情绪还具有强大的破坏力，会使我们的意志力变得薄弱，判断力、理解力都会降低，理智和自制力也容易丧失。这种烦恼不能自动消失，就只能用适当的方法来转移和调整。比如以下的几种方法，就可以让自己的心情逐渐平静。

第一种方法是找事做。

体育活动，尤其当剧烈运动时，体力的消耗会让你的注意力转移，烦恼得到释放；努力使自己困倦，这样你心里渴望得到休息的信念就会取代导致烦恼的信念；聚精会神地做某事，当你把精力放在某件事上时，自然就不会想到烦恼你的小事；让自己过得忙碌充实，这时你早已顾不上想那些不开心的事了；让自己沉浸在艺术或科学的世界里，正如叔本华所说："把人引向艺术和科学最强烈的原因之一，是逃避日常生活中令人厌恶的粗俗和使人绝望的苦闷。"

第二种方法是心理暗示。

可以在心里默念一些安静、平和的字句，比如"宁静""沉着""缓缓""悄悄""慢慢"等词轻轻地重复念出，并想象与之相应的音乐节奏，让心情平静，再以理智的心态去面对麻烦；或者一种美丽的景色，比如幽静的山林风光、波光粼粼的湖面、日落时的火烧云、银光倾泻的月夜。不需太长时间，烦恼就会隐退了。

第三种方法就是理智分析法，即看清事实、理智分析、作出决定、按计划行动。摆脱忧虑并能成功解决问题应当归功于这种分析忧虑、正视忧虑的方法，它有效而又直攻问题的核心。当我们遇到一些令人忧心的问题时，不妨清楚地写下我们所担心的是什么？我有哪些可以采取的办法？其中哪一种是最佳方法？在选定之后，马上行动。

心灵悄悄话

生活中的每个人都有着这样那样的烦恼，那么烦恼是从哪里来的呢？其实，烦恼来自杂念、妄想、执着。所以烦恼来时，我们不要放纵自己一味地悲观消极，而是要学会转移和调整，尽量保持一颗平常心，要顺其自然，不能执着于一时的烦恼。

第一篇　烦恼都是自找的

不要给自己预支烦恼

在很多时候，烦恼都是我们自己找来的，我们总是在殚精竭虑地构思着明天，却从未想过好好地享受今天，当明天成为昨天，我们的心中仍然只有明天。我们在不断地预支着明天的烦恼，也就不断地透支着生命。

邻居李姐是热情好客之人，经常过来串门，有时说一下孩子的教育问题，有时也谈一下婆媳的关系，看得出李姐很尊重老人，她们婆媳间相处融洽是左邻右舍有口皆碑的。

可是，不知为什么，有一次，李姐的婆婆从公园晨练回来后，好端端的却对着摆在面前的早餐抹眼泪，说她吃不下，急得李姐以为哪儿怠慢了她，直到她婆婆后来说出了原因，她才松了一口气。

原来李姐的婆婆在公园里与人聊天，被对方受到媳妇虐待所感染，产生惺惺相惜之情，恐自己日后也会有如此遭遇。

听完这话，李姐真是哭笑不得，只好再三向婆婆保证。

人生不如意事十有八九，我们不是生活在真空中，难免会碰到这样或那样的烦恼，对付这些烦恼已耗费了我们不少精力，那么，又何必在事情尚未发生时便假设它的发生并为之预支烦恼呢？

飞机正在高高的云端飞行。机舱内，空姐微笑着给乘客送食品。一位中年人细细地品尝美食，而邻座的年轻人却愁眉苦脸地望着窗外的天空。

中年人颇为好奇，热情地问："小伙子，怎么不吃啊？这伙食标准不低，味道也不错。"

年轻人慢慢地扭过头，有点尴尬地说："谢谢，您慢用，我没胃口。"

中年人仍热情地搭讪："年纪轻轻的怎么会没胃口？是不是遇到什么不开心的事啦？"

面对中年人热心地询问，年轻人有些无奈，说道："遇到点麻烦事，心情不太好，但愿不会破坏了您的好胃口。"

中年人非但不生气，反倒更热心了，说道："如果不介意，说来听听，兴许我还能为你排忧解难。"

年轻人看了看表，还有一个多小时才能到目的地，就聊聊吧。

年轻人说："昨夜接到女朋友电话，说有急事要和我谈谈。问她有什么事，女朋友说见了面再说。"

中年人听后笑了："这有什么犯愁的呀？见了面不就全清楚了吗？"

年轻人说："可她从来没这么和我说过话。要么是出了什么大事，要么就是有什么变故，也许是想和我分手，电话里不方便谈。"

中年人笑出声："你小小年纪，想法可不少。也许没那么复杂，是你想得太多了。"

年轻人叹道："我昨天整个晚上都没合眼，总有一种不祥的预感。唉，您是没身临其境，哪能体会我现在的心情。您要是遇到麻烦，就不会这样开心啦。"

中年人依然在笑："你怎么知道我没遇到麻烦事？也许你的判断不够准确。"说着，中年人拿出一份合同，"我是去广州打官司的，我们公司遇到前所未有的大麻烦，还不知道能不能胜诉呢！"

年轻人疑惑地问："可您好像一点也不着急。"

中年人回答："说一点不急是假的，可急又有什么用呢？到了之

7

后再说，谁也不知道对方会耍什么花样。可能我们会赢，也可能一败涂地。"

年轻人不禁有点儿佩服起眼前这位儒雅的绅士来。一晃一个多小时过去了，飞机到了目的地。中年人临别时给了年轻人一张名片，表示有时间可以联系。

几天后，年轻人按照名片上的号码给中年人去了个电话："张董事长，谢谢您！如您所料，没有任何麻烦。我女朋友只想见见我，才出此下策。您的官司打得怎么样？"

张董事长笑声爽朗："和你一样，没什么大麻烦。对方已撤诉，我们和平解决。小伙子，我没说错吧，很多事情要等面对了再说，提前犯愁无济于事。"

年轻人由衷地佩服这位乐观豁达的董事长。

有句成语叫"自寻烦恼"，无非是在告诫人们：许多烦心和忧愁都是自己给自己绑的绳索，是对自己心力的无端耗费，是自己设置虚拟的精神陷阱。

只要好好地把握现在，什么事情都可能出现转机。

泰戈尔说过："如果你因失去了太阳而流泪，那么你也将失去群星了。"生活中人们也常常企图把人生的烦恼都提前解决掉，以便将来过得更好、更自在。

实际上，很多事是无法提前完成的。过早地为将来担忧，设想自己可能遇到的麻烦，只会徒增烦恼，平添许多忧虑和无奈。因此，我们应该学会珍惜今天的快乐，在人生的储蓄卡上，请不要去预支明天的烦恼！

要让自己开心地度过每一天，就不要去想明天的烦恼，不要想着早一步解决明天的烦恼。

乐天派的人一般很少庸人自扰，而且善于淡化烦恼，所以活得轻松，活得潇洒；而多愁善感的人喜欢庸人自扰，一旦有了烦恼，忧愁万千，牵肠挂肚，离不开，扔不掉，活得有些窝囊。

每天都有每天的人生功课要交，努力做好今天的功课，好好享受今天的美丽时光，即使明天真的有无数烦恼等着你，你今天也是无法解决的，所以，甩甩头，把那些莫名其妙的烦恼抛到九霄云外吧！

心灵悄悄话

叔本华说："人们不受事物影响，却受到对事物看法的影响。"生活对于任何人都是公平的，学会用心体验生活，感受精彩生活，保持乐观豁达的心境，你会发现生活中竟然藏有那么多美好的事物！

第一篇　烦恼都是自找的

世上本无事，庸人自扰之

俗话说得好："世上本无事，庸人自扰之。"世间的事物，对的就是对的，错的就是错的，无须钻牛角尖，庸人自扰。忘掉死生，忘掉是非，忘掉一切的不快和烦恼，才能到达无穷无尽的自由境界。

从前，有个年轻人四处寻找解脱烦恼的秘诀。一天，他来到一个山脚下，看见一片绿草丛中一位牧童骑在牛背上吹着横笛，笛声悠扬，逍遥自在。

年轻人走上前询问："你看起来很快活，能教我解脱烦恼的方法吗？"

牧童说："骑在牛背上笛子一吹，就什么烦恼都没有了。"

年轻人试了试，不灵。于是，他又继续寻找。

年轻人来到一条河边，看见一位老翁坐在柳荫下垂钓。老翁手持鱼竿神情怡然自得。年轻人走上前去鞠了一个躬，问道："请问老人家。您能教给我解脱烦恼的办法吗？"

老翁看了他一眼，慢声慢气地说："来吧，孩子，跟我一起钓鱼，保管你没有烦恼。"

年轻人试了试，还是不灵。

于是，他又继续寻找。不久，他来到一个山洞里，看见有一个老人独坐在洞中，面带满足的微笑。

年轻人深深地鞠了一个躬，向老人说明来意。

老人微笑着摸摸长髯，问道："这么说，你是来寻求解脱的？"

年轻人说："对！恳请前辈不吝赐教。"

老人笑着问："有谁捆着你了吗？"

"……没有。"

"既然没有捆住你，又谈何解脱呢？"

年轻人一怔，随即豁然开朗：在生活中本来并没有太多的烦恼，许多烦恼都是自找的，是我们自己捆住了自己。年轻人想通后，脸上也露出了满足的笑容。

每个人都有七情六欲和喜怒哀乐，烦恼也是人之常情，是人人避免不了的。但是，由于每个人对待烦恼的态度不同，所以烦恼对人的影响也不同，通常人们所说的乐天派与多愁善感型就是明显的区别。

一位青年满怀烦恼地去找一位智者，诉说他大学毕业后，曾豪情万丈地为自己制订了许多目标，可是几年下来，依然一事无成。

他找到智者时，智者正在河边小屋里读书。智者微笑着听完青年的倾诉，对他说："来，你先帮我烧壶开水！"

青年看见墙角放着一把极大的水壶，旁边是一个小火灶，可是没发现柴火，于是便出去找。

他在外面拾了一些枯枝回来，装满一壶水，放在灶台上，在灶内放了一些柴便烧了起来，可是由于壶太大，那捆柴烧尽了，水也没开。于是他跑出去继续找柴，回来的时候那壶水已经凉得差不多了。这回他学聪明了，没有急于点火，而是再次出去找了一些柴。由于柴准备充足，水不一会儿就烧开了。

智者忽然问他："如果没有足够的柴，你该怎样把水烧开？"

青年想了一会，摇了摇头。

智者说："如果那样，就把水壶里的水倒掉一些！"

青年若有所思地点了点头。

智者接着说："你一开始踌躇满志，制定了太多的目标，就像这

个大水壶装了太多水一样，而你又没有足够的柴，所以不能把水烧开。要想把水烧开，你只能倒出一些水，或是先去准备足够的柴！"

青年恍然大悟。回去后，他把计划中所列的目标去掉了许多，只留下最近的几个，同时利用业余时间学习各种专业知识。几年后，他的目标基本上都实现了。

只有不好高骛远，从最近的目标开始，踏踏实实地努力，才能一步步走向成功。万事挂怀，只会半途而废。而且，我们也只有不断地加"柴"，才能使人生不断加温，最终让生命沸腾起来。

庸人自扰的确不是一件好事。那么，我们又为什么庸人自扰呢？美国心理治疗专家比尔·利特尔经过研究认为：一个人若有以下心理或做法，必定会促使其庸人自扰、无事生非：

（1）把责任统统算到自己头上。如果你把别人的问题揽到自己身上自怨自艾，把某些人不喜欢你的原因也统统归于自己，那么要不了多久，你就会烦恼成疾。

（2）做黄粱梦。最可怜的人是那些惯于抱有不切实际的希望的人。如果一个人把自己的目标制定得高不可攀，他就会因不能实现目标而烦恼。

（3）一味地盯着消极面，对任何事情都不从积极的角度考虑。牢牢记住你有多少次受到不公正的待遇，或牢记着有多少次别人对你说话的态度不友善。如果你把注意力集中在那些不好的、吃亏的事情上，你就会用这种消极的思想方法来给自己制造烦恼。

（4）不合群。从不去赞扬别人，不使用任何鼓励之词，甚至喋喋不休地批评、挑刺、埋怨、小题大做。

（5）任由事情变得更糟。当问题第一次出现时就正视它，它就很容易解决。反之，如果让问题像滚雪球一样不断地扩大下去，最后滚雪球的人总是遵照一条简单的规则行事："如果错过了解决问题的时机，索性再往后拖拖。"这样，只会使问题变得更糟，必定会导致你的愤怒和苦恼埋在心底几个月甚至几年。

不论你是高官还是平民，不论你是富豪还是穷人，不论你是社会名流还是无名之辈，恐怕谁也不能保证自己一生没有烦恼。即使你不自找烦恼，但还是少不了烦恼，因为人是现实的，不是超凡脱俗的圣人，既然这样，我们就不要再庸人自扰了，而是要学会善于淡化烦恼，解决烦恼。

那么，如何才能淡化和解决烦恼呢？你可以试试以下方法：

（1）辩证地看问题。比如发生了重大的车祸，死伤多人，皆为不幸。未伤者受惊，轻伤者轻痛，重伤者重痛，死亡者惨痛，由前往后比，虽是不幸，但又是大幸；从后往前比，则是不幸中的大幸。在NBA的世界里，如果人人非要跟乔丹比较，那真的是很不现实的事情。很多人只能望其项背，所以只能以他为最高，做最真实的自己，否则，那肯定是件极度烦恼的事。

（2）时间是治疗痛苦的良药。遇到烦恼之事，倘若你主动从时间的角度来考虑一下，心中对此烦恼之事的感受程度可能就会大大减轻。受了上级的当众批评，面子很过不去，心里难以承受，不妨试想一下，三天后，一星期后甚至一个月后，谁还会把这件事当回事？

心灵悄悄话

很多时候，不是烦恼离不开你，而是你撇不下它。那些本来是芝麻绿豆般的小事，却往往被当成难以想象的大事，而且常常往坏处想。这样一来，那些本来不足挂齿的小事，却成为烦恼的根源。因此，我们要想过幸福的生活，就切莫自寻烦恼，庸人自扰。

烦恼由心生

人们在生活中，总免不了有一些苦恼烦闷的事。有些烦恼来自外界，必须正视；有些困扰则源于内心，这就是所谓的"自寻烦恼"。"魔由心生"的故事说的正是这个道理。

有一个和尚，每次坐禅都感觉有一只大蜘蛛跟他捣蛋，无论怎样也赶不走。他把这件事告诉了师父。

师父让他下次坐禅时拿一支笔，等蜘蛛来了在它身上画个记号，看它来自什么地方。

和尚照办了，在蜘蛛身上画了一个圆圈。蜘蛛走后，他安然入定了。

当和尚做完功，睁开眼睛一看，那个圆圈原来就在自己的肚皮上。

这个故事告诉我们，我们推给他人或外物的许多过失，毛病却出在自己身上。

当然，这种来自自身的困扰，我们往往不易察觉，更难以用笔"圈"定。从这可以看出，人的烦恼往往是自己给自己制造的心理负担。

人无远虑，必有近忧；但是过于烦恼未发生的事，也是不可取的。因为任何事情都应当要有个"度"，否则就会有杞人忧天之嫌。只要我们在日常生活和工作中保持一颗平常心，我们就会发现，一切问题其实都没有自己想象中的那样让人烦恼和难以解决。

在生活中，我们的烦恼都是自找的，我们是自己捆住了自己。好多人都这样假设："假如变成这样要怎么办？假如变成那样又会如何？这样做会不会变得更差呢？"

有时我们也会不自觉地为一些小事烦恼，而且常常毫无根据地往坏处想。

仔细想想，自寻烦恼只有百害而无一利，再多的忧虑都无法解决任何问题，只会让自己心情不好，想法更加消极而已。

可是为什么许多人仍然会不经意地自寻烦恼？

这主要是性格使然，当然也会有环境因素的影响。

在我们自寻烦恼之际，身边的人大都会劝导说："不要自寻烦恼，开朗一点，开心一点。"但不好的情绪还是会不自觉地涌起。烦恼的想法一旦出现，我们便不由自主地陷入更多的纠葛中，搞得整个人心神不宁。

可是，你应该了解，明天的忧虑自待明天解决，此刻又何必烦恼，浪费精力？或许睡个觉之后，一切烦恼都烟消云散了，毕竟明天又是新的一天。

如果你是一个杞人忧天、自寻烦恼的人，那么你肯定会过得不快乐，原因就在于你不懂得化解内心的烦恼。

建议你不妨从改变自己的内心做起，也就是说内心一直都保持着明朗、愉快、积极的状态。

不要再患得患失，掂量来掂量去，过于瞻前顾后，要无畏地活下去。

无论发生任何事，都要想得开，只有看得开，凡事往前看，向新的人生挑战，才会有新收获。

如果你认为可能，那么前方就会有无限的可能在等着你；如果你一直想着不可能，那就真的什么事都不可能了。

如果你认为前方充满了希望与光明，那么走过去一定会看到灿烂

的阳光。所以无论做任何事，都要抱着积极的心态向前看，相信一定可以使一连串的不可能成为可能。

凡事只要从好的一方面去想，总有想得开的时候，这个过程可能有些漫长，但只要我们始终带着坚定的笑容，那么一切困难和烦恼都会被踩在脚下。

心灵悄悄话

人的一生也不可能时时精彩，任何人都会有烦恼。我们的生活不会因为烦恼而停止不前，人也不因烦恼而无法生活。要想烦恼少一些，我们就要学会善待自己。

烦恼是自己给自己上的枷锁

　　每天我们都有可能遇到一些烦心的事，这是生活的常态。现代都市沉重的生活压力，越来越多的追求和欲望更是让人心变得异常躁动，而一颗躁动不安的心往往就是烦恼之源。只是，那些困扰我们的事情，到底有多少真的能发生呢？一个心理学家为了研究人们的"烦恼"问题，做了下面这个很有意思的实验。

　　心理学家要求实验者在一个周日的晚上，把自己未来 7 天内所有忧虑的"烦恼"都写下来，然后投入一个指定的"烦恼箱"里。

　　过了 3 周之后，心理学家打开了这个"烦恼箱"，让所有实验者逐一核对自己写下的每项"烦恼"。结果发现，其中 90% 的"烦恼"并未真正发生。然后，心理学家要求实验者将记录了自己真正"烦恼"的字条，重新投入了"烦恼箱"。

　　又过了 3 周之后，心理学家打开了这个"烦恼箱"，让所有实验者再次逐一核对自己写下的每项"烦恼"。结果发现，绝大多数曾经的"烦恼"已经不再是"烦恼"了。这让实验者切身地感到了烦恼这东西原来是预想的很多，出现的却很少。

　　心理学家从对"烦恼"的深入研究中得出了这样的统计数据和结论：一般人所忧虑的"烦恼"，有 40% 是属于过去的，有 50% 是属于未来的，只有 10% 是属于现在的。其中 92% 的"烦恼"没有发生过，剩下的 8% 则多是可以轻易应付的。因此，烦恼大多是自己找来的。这就是所谓的烦恼不寻人，人自寻烦恼。

　　的确，那 40% 属于过去的烦恼，是我们用过去的失败体验给自己

搭建起来的藩篱，使我们故步自封，疑虑重重；而50%属于未来的烦恼则完全是我们自己杞人忧天的结果；此外，10%的烦恼多是那些不应该困扰你的琐事。比如，在候车的时候，你等的公交车依旧踪影全无；在超市结款柜台前的长龙里站了半天才挪了一小步，这边的速度比蜗牛还要慢，而另一边的队伍似乎移动得快多了……

这样的烦恼的确是让人郁闷透顶，可是，很少有人想得明白，不管你怎样不耐烦，事情往往是客观存在的，其结果不会因为你的心情而有丝毫的改变。你与其在这个不可更改的过程里唉声叹气、看表跺脚、咬牙切齿，为何不干脆悠然惬意一些，听听 MP3，看看包里随身带的书，静静等待，这个过程就不至于让你烦恼不堪了。即使你什么装备也没有，也不妨欣赏周围各色人等的种种面貌，为他们如热锅蚂蚁般惶惶不安、眉头皱成疙瘩的可笑样子在脑中画一幅生动的漫画，同时为你自己的理智和超然而自豪。

现实生活中，每个人都有理性的一面，同时也有非理性的一面。人生来都具备以理性信念对抗非理性信念的能力，但又常常被非理性信念所干扰。也就是说，每个人都有不同程度的不合理信念，只不过有心理障碍的人所持有的不合理信念更多、更复杂而已，然而，就是这种不合理的思维造成了心态上的不平衡。我们所能感觉到的世界只是整个世界的一小部分，由这一小部分所得出的观念往往是不正确的，但人们又总是把这些不正确的观念当作生活真理，结果使自己陷入不必要的苦恼之中。

针对现代人总爱自寻烦恼的特点，美国心理学家曾得出四个论断：

1. 自寻烦恼是人的本性。人并不完全是理性的动物，人常为情绪所困扰，而困扰的原因多半是来自于自己，很少是由于外界因素造成的。

2. 人有思考能力，但在考虑自身问题时，则多表现出心态上不平衡的倾向。对与自己息息相关的事，往往做过多的无谓思考，这是困扰自己的根源。

3. 没有事实根据，单凭想象就可形成自以为是的信念，这是人有别于其他动物的特征之一。这种无中生有的想象力过于丰富，就会使人陷入无尽的烦恼中。

4. 人有自毁倾向，同时也有自救能力，合理的情绪疗法可以通过转化前者来帮助发展后者。

心灵悄悄话

无数事实证明，烦恼只是自己给自己上的枷锁，我们不能让那些不合理的思维困扰了我们的情绪，更不能把那些不合理的观念当作生活的真理，我们应该学会解除这些烦恼枷锁，学会给自己减压，从而让自己活得轻松、活得快乐。

第一篇　烦恼都是自找的

遇事要多往好处想

桌子上放着半杯水，两个口渴的人见了，一个说："真倒霉，只有半杯水。"

另一个说："太好了，还有半杯水。"

显然，后者看问题的态度是乐观的、积极的，也是值得我们学习的。

如果我们总是把事情往坏处想，生活中将处处充满烦恼，就会影响我们的心情，也会影响我们的生活质量。而当我们凡事往好处想时，坏事也有可能转化成好事。

一个老婆婆依靠两个儿子的苦力维持生计，大儿子晒盐，二儿卖伞。

晴天大儿子能晒更多的盐，二儿子不能卖更多的伞；雨天二儿子生意好了，大儿子就不能晒盐！老婆婆整天为两个儿子不能同时赚钱而烦恼。

有人建议老婆婆换个角度看问题：晴天，大儿子能晒更多的盐；雨天，二儿子可以卖更多的伞。

这样一来，老婆婆果然心情好多了，不再为两个儿子的营生闲操心了。

这个故事给我们的启示是：任何事物都有两个不同方面，若是朝着不好的方向去想，自然不会有好的体验；若是向着好的一面去想，

将会收获快乐的体验。

凡事都向好的方面想，是一种积极进取的人生态度。在竞争日益激烈的形势下，每个人都面临挑战，但更多的是机遇。凡事向好的方面想，就是弱化挑战、放大机遇，以饱满的精神迎接机遇、把握机遇。只有这样，成功的概率才会增大。

有一个商人和一个哲学家，因一次偶然的机会同住在一间宾馆里。有一天夜深人静的时候，两人都已熟睡，突然传来一阵狗叫声，声音越来越大，二人同时被吵闹声惊醒。这时，商人火冒三丈，大发脾气，一面叫骂一边穿上衣服准备找东西出去打狗；而哲学家却在床上动也不动，他认为狗这样狂吠，一定事出有因，不是通知主人家中有贼，就是被人打伤疼痛难忍。不仅没有咒骂他，还很可怜它。过了一会儿，狗叫声终于停了，那个商人却因心恨狗吠上了火气，翻来覆去睡不着觉，哲学家则平心静气地，没一会儿就安然入梦了。

或许有人会说，他们现在心情不好是环境造成的，环境对他们的人生影响巨大。其实，我们的境况并不完全由周围环境造成，心态才是心情的主人，它决定了我们如何看待人生、把握人生，所以有什么样的心态就有什么样的心情。

著名哲学家苏格拉底还单身时，和几个朋友一起住在一间只有七八平方米的小屋里。环境不太好，生活也很不便，但是，他一天到晚总是乐呵呵的。

有人问他："那么多人挤在一起，连转身都困难，你们怎么还能这么开心呢？"

苏格拉底说："朋友们在一块儿，随时都可以交换思想，交流感情，当然会很开心了。"

过了几年，朋友们陆陆续续地都成了家，先后搬了出去，最后屋

子里只剩下他一个人，但他每天还是非常快乐。

又有人问他："朋友们都搬走了，就剩你一个人孤孤单单的，别说交流了，连个说话的人都没有了，你怎么还能这么快活呢？"

"当然快活了，我有很多书，每一本书都是一位老师，和这么多老师在一起，我随时都可以向它们请教，这难道不让人高兴吗？"

又过了几年，苏格拉底也成了家，搬进一栋七层高的大楼最底层。底层比较嘈杂、不安静，也不安全、不卫生，不过这位哲人还是一副自得其乐的样子。

有人很奇怪："你住这样的房间，也感到高兴吗？"

"住这一层很好呀！进了楼门就是家，搬东西很方便，朋友来访很方便……最重要的，门口还有小院，可以在空地上养花、种草。这些乐趣呀，数之不尽！"苏格拉底喜不自禁地说。

又过了一年，苏格拉底把一层的房子卖给了一位家里有老人的朋友，自己搬到了楼房的最高层。搬到顶楼后，苏格拉底仍是快快乐乐的。

有人不解地问他："先生，住顶楼有那么好吗？"

"当然，住顶楼的好处很多呢。比如说：每天上下几次，这是很好的锻炼机会，有利于身体健康；视野好，能看到远处美丽的风景；光线好，看书写文章不伤眼睛；白天黑夜都非常安静，没有人在头顶干扰。"

有人看到苏格拉底不管在什么情况下都能高高兴兴的，非常不理解，遇到苏格拉底的学生柏拉图时，便问他："你的老师总是那么快快乐乐，可我却感到，他每次所处的环境并不那么好呀？"

柏拉图说："决定一个人心情的，不是在于环境，而在于心境。"

此话真是有道理。如果我们都像苏格拉底那样能随时调整好自己的心境，寻其之乐，无论环境如何变化，我们就总能保持乐观和满足，开心快乐了。

大诗人李白有一次去拜访恒寂大师，那天的天气很热，李白见恒寂大师在房子里打坐，觉得大师一定会觉得酷热难忍，李白便说："禅师，这里太热了，您为何不换个清凉的地方呢？"禅师平静地回答说："我觉得这里很好呀。"李白颇有感悟，当即作诗一首："众人避暑走于狂，独有禅师不出房。非是禅房无热到，为人心静心自凉。"

"为人心静心自凉"，以平静的心态去面对外界环境的变化，不管环境多么复杂喧嚣，也都能处之泰然。反之，一个人如果以压抑、烦躁、消极的心态待人接物，即使我们的环境再优越，也难以感到快乐，被虚无的烦恼困扰。同时，心情不好还会导致生理和心理的疾病。正所谓"智者治心不治境，愚者治境不治心"。所以在现实生活中，我们看待事情都要往好的方面去想。

圣诞节前夕，甘布士欲前往纽约。妻子为他订票时，车票已经卖光了。但售票员说，只有万分之一的机会可能会有人临时退票。甘布士听到这一情况，马上开始收拾出差要用的行李。妻子不解地问："既然已没有车票了，你还收拾行李干什么？"他说："我去碰一碰运气，如果没有人退票，就等于我拎着行李去车站散步而已。"等到开车前3分钟，终于有一位女士因孩子生病退票，甘布士登上了去纽约的火车。在纽约他给太太打了个电话，他说："我甘布士会成功。就因为我是个抓住了万分之一机会的笨蛋，因为我凡事从好处着想。别人以为我是傻瓜，其实这正是我与别人不同的地方。"从不抱怨命运，总是找快乐、找希望、找机会，这就是美国百货业巨子甘布士作为成功者的品格。

凡事向好的方面着想并不是盲目乐观，而是科学地对待困难和挑战，从挫折和挑战中寻找人生突围的缺口和良机。仔细审视我们周围

普通人的生活和成功经历，不难发现，许多人的生活印证了这一事实：只要扎扎实实地生活，正视现实，不甘沉沦，努力向前，任何烦恼都会自行远离，任何困难都会被战胜，任何逆境都会过去。

心灵悄悄话

"遇事多往好处想"，是一种健康积极的人生哲学。只要我们保持这种思想和心态，就可以保持清醒的辩证思维，做到遇事多换个角度思考问题，多从好处想，从而使自己振作起来，从"山重水复疑无路"的困境走向"柳暗花明又一村"的艳阳天。

放下烦恼，明天会更好

人世间就是有许许多多自己制造的烦恼。烦恼是很不讨人喜欢的词，因为它令我们感到无助、劳累。然而，假如我们在生活中能从自己独特的角度上看待事物，那就会减少许多烦恼。

下面两个事例就是最好的证明：

一个人坐在轮船的甲板上看报纸。突然一阵大风把他新买的帽子刮落大海中，只见他用手摸了一下头，看看正在飘落的帽子，又继续看起报纸来。另一个人大惑不解："先生，你的帽子被刮入大海了！""知道了，谢谢！"他仍继续读报。"可那帽子值几十美元呢！""是的，我正在考虑怎样省钱再买一顶呢！帽子丢了，我很心疼，可它还能回来吗？"说完那人又继续看起报纸来。

一位70多岁的日本老先生，拿了一幅祖传古画上电视节目，要求宝物鉴定团的专家做鉴定。据老先生去世的父亲生前说，这幅画是名家所作，价值数百万。老先生自己不懂，因而想请专家加以鉴定。结果揭晓，专家认为它是赝品，连一万日元都不值，全场唏嘘……主持人问老先生："您一定很难过吧？"来自乡下的老先生脸上却变得无比的柔和憨厚，微笑着说："啊，这样也好，不会有人来偷，我可以安心把它挂在客厅里了。"

人生总是在不断地失去和拥有。拥有快乐，失去烦恼；捡到幸福，丢掉悲伤。不管将来你要怎样选择，最重要的是自己能够开心地

面对。

　　小李的钱包被盗了，很让人心烦，不光是钱不见了，里面还有他的身份证，这让他愁眉不展，因他是东北人，现在北京打工，办身份证还要来回跑，挺麻烦的，以致这几天他心情都不好。

　　不过，这样的心情没有持续很久，一位朋友的话让他顿悟，心情也随之好转。朋友对他说："钱包已经不见了，你再怎么想，也不可能重新出现在你的面前。钱丢了事小，如果好心情没了，影响你的情绪，让你忧伤，让你不安，这会影响你的食欲，影响你的健康，就太不值得了。身份证办起来是很麻烦，却让你多回家几次，增加了与家人的沟通，这也是一件挺好的事情呀！"朋友的话让他反思了很久，如果换一个角度来思考问题，生活中又有什么让你感到烦恼的事情呢？

　　生活中，我们难免会失去，如果失去什么之后，我们再失去快乐的心情，岂不是失去更多了？

　　有一个中年人，年轻时追求的家庭事业都有了基础，但是却觉得生命空虚，感到彷徨而无奈，而且这种情况日渐严重，到后来不得不去看医生。

　　医生听完他的陈述，开了四服药方，对他说："你明天9点钟以前独自到海边去，不带报纸杂志，不要听广播，到了海边，分别在9点、12点、3点、5点，依序各服一剂药，你的病就会好的。"

　　那位中年人将信将疑，但还是依照医生的嘱咐来到了海边，看到晨曦中的大海，心灵为之一震，心情也跟着变得晴朗了。

　　9点整，他打开第一帖药，里面写着"谛听"二字。于是他坐下来，倾听风的声音、海浪的声音，他感觉到自己的心跳与大自然的节奏是那么的协调，很久没有这么安静地坐下来听了，仿佛自己的身心得到了清洗，突然觉得舒爽。

12点，他打开第二帖药，里面写着"回忆"二字。他开始从谛听外面的声音转回来，回想起以前的种种：童年时的无忧、青年时的艰辛，父母的慈爱、朋友的友谊、生命的力量，于是热情又重新燃烧起来了。

下午3点，他打开第三帖药，里面写着"检讨你的动机"。他记得早年创业时，怀有远大的理想，为了追求人们的福祉，他热诚地工作。可等到事业有成了，全然忘记了当初的信念，只顾着赚钱，失去了经营事业的喜悦，又过于强调自我，不再有关心别人的胸怀。想到这里，他已深有领悟。

到了黄昏的时候，他打开最后一帖药，里面写着"把烦恼写在沙滩上"。他走进离海最近的沙滩，写下了他的烦恼，可是一波海浪立即淹没了它们，洗得沙上一片平坦。他愣住了。

这个中年人，最终悟出了生命的意义。在回家的路上，他再度恢复了生命的活力，空虚与彷徨也消失得无影无踪了。

世事难以预料，倒霉和不幸的事谁也不想发生，但如果发生了，你应怎样去面对呢？生活的挫折和磨难来临时，我们应以一颗乐观、豁达、健康的平常心面对，这样生活会美好得多。

梵志到佛前进献合欢梧桐花，佛陀对他说："放下吧！"梵志放下左手的一株花，佛陀又说："你放下吧！"梵志又放下右手的一株花，佛陀再说："你放下吧！"梵志说："我现在两手都空了。还要放下什么呢？"

佛陀说："我不是叫你放下花，而是教你舍弃外境的色、声、香、味、触、法六尘，内心的眼、耳、鼻、舌、身、意六根，以及六尘与六根相应所生的见识，把它们全部舍弃，直到没有可舍的地方，才是你安身的地方。"

自怨

梵志当下大彻大悟。

放下，是一种束缚的解脱。只有体悟到永恒的真我，才能突破俗世的束缚。六祖惠能在修行出家之前，就已看清外在的束缚是没有意思的，唯有拨开一切外在的形式，才能体现物的本来面目，这才是真正的佛性。故而有一偈："菩提本无树，明镜亦非台；本来无一物，何处惹尘埃。"

心灵悄悄话

没了工作不要紧，但不能没有快乐，如果连快乐都失去了，那活着还有什么意义。因为快乐是人的天性的追求，开心是生命中最顽强、最执着的律动，所以我们要抛开烦恼让明天过得更加的美好。

美好的生活是用心来感受的

生活中，总是有人整日闷闷不乐，并不是因为生活真的有那么多烦恼，而是在于自己是否用心感受生活中快乐的成分，是否把视点集中在生活中精彩的地方。

你的生活完全掌握在你的手中，只有你能改变它，只有你能掌握住它的方向，你用什么样的态度直面生活，你的生活自然也会以同样的态度来对待你。如果你多关注生活中开心的事情，淡化悲伤的事情，那么你会过得很开心，你会发现每天都很有意义；如果你总是关注不开心的事情，而忽视了开心的事情，那么你的心就会布满阴云，久久挥之不去。

一位女士去看心理医生，因为她整日茶饭不思，夜夜失眠，身体消瘦得厉害，但是各种检查显示她的身体一切正常，没有患任何疾病的迹象。心理医生问她是不是心中觉得特别痛苦？这位女士像遇到知音一样，开始向心理医生诉说自己的种种苦恼。比如对门的邻居见面没主动和她打招呼。楼上的住户每天晚上总是会制造出一些响动，自己居住的小区治安不太好，一个本来关系不错的同事居然在背后说自己的坏话，老板总是说要给自己加薪，可总是没动静……如此种种，她认为生活真没劲，到处都不顺心。

等她说完，心理医生问她："丈夫对你感情如何？"女士脸上有了笑容，说："哦，他非常疼爱我，我们结婚6年了，从来没有吵过架。"心理医生微笑着点点头，又问："那你有孩子吗？"女士的眼里

闪出光彩说："我有一个儿子，4岁了，聪明活泼。"然后，心理医生又问了她许多问题。

最后，心理医生把写满字的两张纸放到少妇面前。一张写着她的苦恼事，一张写着她的快乐事。心理医生对她说："这两张纸就是治病的药方，你把苦恼事看得太重了，忽视了身边的快乐。"

就像那句话说的："生活中从来不缺少美，而是缺乏发现美的眼睛。"同样，生活中不缺少快乐，而是缺少发现快乐的眼睛。你想发现生活中的美和快乐吗？那么就用心感受生活吧，淡化烦恼，强化快乐，你会发现生活原来如此精彩，你的心情也会像阳光般灿烂。

所以，与其每天被这样或那样零碎的突发事件搞得神经紧张，心情恶劣，不如平静下来，调整心态，将烦恼寄存，与好心情有个约会。

艾尔斯的丈夫随部队驻扎在一个沙漠的陆军基地，有一次，她来陪伴丈夫。丈夫经常奉命到沙漠里去演习，她一个人留在陆军的小铁皮房子里，天气酷热难当。她找不到可以与自己聊天的人，因为她身边只有印第安人和墨西哥人，而他们不会说英语。她为此感到前所未有的煎熬，于是就写信给父母，表示无论如何也要离开这里。

她父亲的回信只有一句话，而这一句话却永远留在了她心里，并且完全改变了她的生活。这一句话是：两个人从牢中的铁窗望出去，一个看到了泥土，一个却看到了星星。

艾尔斯一再读这封信，觉得非常惭愧。她决定要在沙漠中找到星星。

艾尔斯开始试着和当地人交朋友，他们的反应使她非常惊奇。她对他们的纺织、陶瓷很感兴趣，他们就把最喜欢但舍不得卖给观光客人的纺织品和陶瓷送给她。

艾尔斯研究那些引人入迷的仙人掌和各种沙漠植物，又学习有关土拨鼠的知识。她欣赏沙漠的日落，还寻找海螺壳……原来难以忍受的环境变成了令人兴奋、流连忘返的奇景。

她为发现新世界而兴奋不已，并为此撰写并出版了《快乐的城堡》一书。

是什么使这位女士内心发生了这么大的转变呢？

沙漠没有改变，印第安人也没有改变，但是艾尔斯的心态变了，一念之差，使她把原先恶劣的情况，变为一生中最有意义的冒险。

世间许多事情本身并无所谓好坏，全在于你怎么看。很多时候，我们之所以感到生活枯燥乏味，是因为我们的心态是枯燥乏味的。如果想使生活变得有滋有味，就要改变心态——变消极心态为积极心态。只有这样，我们才能生活得快快乐乐。

秦先生开车在山里游玩归来的时候，看到一辆车陷在了泥坑里，站在旁边的一位中年人向他挥挥手要求搭车，秦先生请他坐了上来。

这位中年人告诉秦先生，他住在山下的一个镇上，周末到山里的一个水库来钓鱼，但运气特别不好：去的路上，轮胎爆了，换备用轮胎耽误了一个小时。来到水库以后，钓竿又被水底的树根挂住，拉断了。返程时车又陷在了泥坑里，怎么挣扎也挣扎不出来，所以只好搭车回家。

在中年人的引领下，秦先生把车开到了镇上。中年男人邀请他进去坐坐，走到门口，垂头丧气的中年人并没有马上走进去，而是站到门口，伸出双手，抚摸着门旁一根突出的栅栏。大约停了一两分钟，他才敲门，门开后，他笑逐颜开地和孩子紧紧拥抱，又给妻子一个热吻。然后，他高高兴兴地向家人介绍这位新朋友，并留秦先生吃了一顿饭。

秦先生离开的时候，中年人送他出来。他问中年人："刚才你在门口的动作，有什么用意吗？"中年人说："这是我解决烦恼的方法。

我到外面时，总会遇到心情不好的事情，可是无论怎样，我都不能将坏心情带进门，不能带给老婆和孩子，所以，我就把它们挂在门口，准备明天出门再带走。可是，它们通常在第二天就消失了。"

那位中年人是生活的主人，他没有受到"坏事"的影响，他的做法是明智的。他将烦恼寄存在家门口，带着轻松的愉悦的心情与家人拥抱，尽情享受家的温馨。

人生在世，常会为情所困、为物所累，却唯独不知放飞心情，丢弃苦恼，用心感受生活。生活中，一个人不管遇到多少苦恼事，总会有快乐相伴，这就需要你用心细细品味，去寻找和发现生活最精彩的部分。一个人只要善于把握自己，能够进行自我心理调适，就能用欢乐驱散心中的烦恼，与好心情有个约会。

有一位年轻人，因为工作的需要被分配到一个偏远的山村里教书。他觉得不公平但又无法改变现实，于是，他很消极，给孩子们讲课时总是心不在焉，有时还觉得这些孩子脏、笨，让人讨厌。

这一天，下着蒙蒙细雨，灰色的天空加剧了他灰色的心情。这一节是地理课，可他一看到地图上的首都，失落感马上袭来，上课的心情一点都没有了。

为了打发这45分钟，他想到了一个自认为很绝妙的办法。他让每个学生把那页地图撕下来，然后把它撕成碎片，放在桌面上。这时，他说："同学们，我们现在来个比赛。请把你桌上这个地图再拼合起来，看看谁拼得最快！"

他为自己的这个想法得意，认为一张复杂的世界地图要拼起来，至少也需要半个多小时。布置完了任务，他就又走到窗口，一个人对着雨天抽着闷烟发呆。

可是，还没过5分钟，就有一位男同学站起来说他拼好了。年轻的教师非常惊愕，以为他在撒谎，就走到他的课桌前检查，那张地图的确完美无缺地在课桌上摆着，丝毫无误。年轻的教师问这个同学怎么能如此之快地拼好一幅地图。

"啊"，那个小男孩说，"这很容易。这幅地图的另一面是一个人的肖像。我把这个人的肖像拼到一起，然后再把它翻过来。我想，如果这个人是正确的，那么，这个世界也就是正确的。"

"如果一个人是正确的，他的世界也就会是正确的。"这句话使得这个年轻的老师陷入了深思。他似乎一下子明白了许多道理。从此。他尽心尽职地教着孩子们，并在这里扎下根来，为祖国输送了一批又一批优秀的人才。

不要总抱怨自己时运不济，也不要抱怨周围的环境是多么糟糕，一切的不如意都源于你的心态。

心灵悄悄话

生活是一杯白开水，平平淡淡才是真。如果你往里面放一点糖，它就是甜的；如果你往里面放一点盐，它就是咸的；如果你往里面放点醋，那么它就是酸的……你想调制成什么味道，是酸是甜是苦还是辣，完全在于自己的心境。学会用心感受生活，你就会发现平淡无奇的生活，每天都充满了精彩的画面。

幸福，常常在别人眼中

人生烦恼无数。

先贤说，把心静下来，什么也不去想，就没有烦恼了。先贤的话，像扔进水中的石头，而芸芸众生在听得"咕咚"一声闷响之后，烦恼便又涟漪一般荡漾开来，而且层出不穷。

幸福总围绕在别人身边，烦恼总纠缠在自己心里。这是大多数人对幸福和烦恼的理解。差学生以为考了高分就可以没有烦恼，贫穷的人以为有了钱就可以得到幸福。结果是，有烦恼的依旧难消烦恼，不幸福的仍然难得幸福。

烦恼，永远是寻找幸福的人命中的劫数。

寻找幸福的人，有两类。

一类像在登山，他们以为人生最大的幸福在山顶，于是气喘吁吁、穷尽一生去攀登。最终却发现，他们永远登不到顶，看不到头。他们并不知道，幸福这座山，原本就没有顶、没有头。

另一类也像在登山，但他们并不刻意登到哪里。一路上走走停停，看看山峦、赏赏虹霓、吹吹清风，心灵在放松中得到某种满足。尽管不得大愉悦，然而，这些琐碎而细微的小自在，萦绕于心扉，一样芬芳身心、恬静自我。

对于心灵来说，人奋斗一辈子，如果最终能挣得个终日快乐，就已经实现了生命最大的价值。

人生的烦恼是自找的。不是烦恼离不开你，而是你撇不下它。

这个世界，为了什么烦恼的人都有。

为权，为钱，为名，为利……人人行色匆匆，背上背着个沉重的行囊，装得越多，牵累也就越多。

几乎所有的人都在追逐着人生的幸福。然而，就像卞之琳《断章》所写的那样，我们常常看到的风景是：一个人总在仰望和羡慕着别人的幸福，一回头，却发现自己正被别人仰望和羡慕着。

其实，每个人都是幸福的。只是，你的幸福，常常在别人眼里。

心灵悄悄话

有的人本来很幸福，看起来却很烦恼；有的人本来该烦恼，看起来却很幸福。活得糊涂的人，容易幸福；活得清醒的人，容易烦恼。这是因为，清醒的人看得太真切，一较真儿，生活中便烦恼遍地；而糊涂的人，计较得少，虽然活得简单粗糙，却因此觅得了人生的大境界。

第一篇　烦恼都是自找的

拔掉生活中的小市桩

有位城市青年到乡下游玩，看到一位农民把一头大水牛拴在一个小小的木桩上，觉得很奇怪，就走上前去问："大伯，您不担心它会跑掉吗？"

农民十分肯定地说："它不会跑掉的，从来都是这样的。"

青年有些迷惑，忍不住又问："为什么会这样呢？这么一个小小的木桩，牛只要稍一用力不就拔出来了吗？"

农民走近他，压低声音说："小伙子，我告诉你，当这头牛还是小牛的时候，我就给它拴在这个木桩上了。刚开始它不是那么老实，有时撒野想从木桩上挣脱，但那时它的力气小，折腾一阵子还是在原地打转，见没法子它就蔫了。后来，它长大了，却再也没有心思跟这个木桩斗了。有一次，我拿着草料来喂它，故意把草料放在它脖子伸不到的地方，我想它肯定会挣脱木桩去吃草。可是它没有，只叫了两声就站在原地眼巴巴地望着草料了。"原来这个小小的木桩已经成为大水牛必须遵循的生活规则。

无独有偶，一位科学家曾做过一个实验：将一个很大的鱼缸用一块玻璃隔成两半，在鱼缸的一半放进了一条大鱼，连续几天没有给大鱼喂食，大鱼无精打采地游着。之后，在另一半鱼缸里放进了很多条小鱼。大鱼看到小鱼，顿时来了精神，径直朝着小鱼游去，但它每次都被玻璃撞了回来。第二次，它使出了浑身力气，朝小鱼冲去，但结果可想而知。几次下来，大鱼撞晕了头，它鼻青脸肿，疼痛难忍，于是它放弃了眼前的美食，不再徒劳。第二天，科学家将鱼缸中间的玻璃抽掉，小鱼们悠闲地游到了大鱼面前，而此时，大鱼再也没有吃掉这些小鱼的欲望了，眼睁睁地看着小鱼在自己的面前游来游去……

生活就是这样让人不可思议，我们往往被一些习惯性的东西困扰，被眼前的"小木桩"迷惑，把自己束缚在一个固定的圈子里难以自拔。正是这个"小木桩"，使我们不敢大胆表明自己的观点，使我们面对挫折时悲观逃避，采取"一朝被蛇咬，十年怕井绳"的被动心态。

心灵悄悄话

一个人想获得成功，就必须大胆地拔掉生活中的"小木桩"，打碎心中的"玻璃"，不断超越自己，方能跨入更广阔的崭新天地！

第一篇 烦恼都是自找的

感谢压力

一位名叫摩德尔丝的美国科学家对两只小老鼠做了一次试验：他把两只小老鼠放在一个仿真的自然环境中，并把其中一只小白鼠的压力基因全部抽取出来。结果那只未被抽取压力基因的灰颜色老鼠走路或者觅食时总是小心翼翼的。在那个面积约500平方米的仿真自然环境里面，灰老鼠一连生活了十几天，没有出现任何意外。它甚至开始为自己积蓄过冬的粮食，也开始习惯这一种没有人类恐吓它和音乐等噪音影响它的仿真空间。而另外一只被抽取了压力基因的小白鼠则从一开始就生活在兴奋之中，它的好奇心远远大于那只小灰鼠。

据摩德尔丝教授的统计数字表明，小白鼠只用一天的时间就把500平方米的全部空间都大摇大摆地观察了一遍。灰老鼠用了近四天的时间才把整个仿真空间全部熟悉。白鼠最后爬上了仿真空间里高达13米的假山，而灰老鼠最高只爬上了盛有食物的那个仅高2米的吊篮。结果小白鼠在仿真空间的第三天，因为没有任何压力而爬上那个高达13米的假山，在试验能不能通过一个小石头块时一下子摔下来，死了。而灰老鼠因为有一定的压力，处处谨慎小心，在试验十几天后，它生龙活虎地出来了。

我们常常因为自己的慵懒而埋怨周围的竞争太过激烈，因为自己的能力不够而强调自己的压力太大。事实上没有了压力，我们也会像那只小白鼠一样，从我们实际上能够平稳度过的高处摔下来而牺牲。

如果你曾做过弹簧试验，你会发现静止的弹簧是毫无力量的，而

施加越多的压力，它的弹力就会越强。事实上这种"弹簧效应"在生活和工作中也随处可见，尤其表现在当你承受压力时，你是否有过这样的经历，愈是面对挑战，愈会迎难而上；愈是竞争激烈，愈能抨发潜能，这就是压力的魅力所在。

你看，压力也并不是件坏事，压力产生的很大程度来自你对某些事物的逃避，所以关键是用何种心态来应对压力。压力无处不在，恐惧和逃避的情绪只会将暂时的困难和压力无限扩大，因此，心态很重要。当你通过努力将层层压力化解掉时，挑战了极限，哪怕是一小步，自己也会有成就感，所以承受压力，成功突破的经历是很重要的，是人生的一种财富。

有一个年轻人，因为家贫没有读多少书，他去了城里，想找一份工作。可是他发现城里没有一个人看得起他，因为他没有文凭。就在他决定要离开那座城市时，忽然想给当时很有名的银行家罗斯写一封信。他在信里抱怨了命运对他是如何的不公，"如果您能借一点钱给我，我会先去上学，然后再找一份好工作。"

信寄出去了，他便一直在旅馆里等，几天过去了，他用尽了身上的最后一分钱，也将行李打好了包。就在这时，房东说有他一封信，是银行家罗斯写来的。可是，罗斯并没有对他的遭遇表示同情，而是在信里给他讲了一个故事。

罗斯说，在浩瀚的海洋里生活着很多鱼，那些鱼都有鱼鳔，但是唯独鲨鱼没有鱼鳔。没有鱼鳔的鲨鱼照理来说是不可能活下去的。因为它行动极为不便，很容易沉入水底，在海洋里只要一停下来就有可能丧生。为了生存，鲨鱼只能不停地运动，很多年后，鲨鱼拥有了强健的体魄，成了同类中最凶猛的鱼。最后，罗斯说，这个城市就是一个浩瀚的海洋，拥有文凭的人很多，但成功的人很少。你现在就是一条没有鱼鳔的鱼……

那晚，他躺在床上久久不能入睡，一直在想着罗斯的信。突然，

他改变了决定。第二天，他跟旅馆的老板说，只要给一碗饭吃，他可以留下来当服务员，一分钱工资都不要。旅馆老板不相信世上有这么便宜的劳动力，很高兴地留下了他。10年后，他拥有了令全美国美慕的财富，并且娶了银行家罗斯的女儿，他就是石油大王哈特。

生活对每个人都是公平的，它在为我们创造许多机会的同时，也为我们制造了更多的压力。有些人在压力面前倒了下去，但真正的强者，在经历了压力的锤炼后却变得更加坚强。如果你不甘平庸，如果你不想成为失败者，那你就要有勇气面对压力，并学会感谢压力。

小镇不大，却有两家规模不算太小的酒店。一家叫王记酒店，老板叫王有法；一家叫李记酒店，老板叫李守道。

一个小镇有两家酒店，就不可避免地会产生竞争。王有法做生意很有一套，不仅请了个好厨师，而且待人也很热情，话说得让客人心里热乎乎的，饭菜也不贵，所以生意就一直很好。

王记的生意好了，李记的生意就自然差，毕竟小镇上人不是很多。李守道也曾想过许多办法，无奈客人并不买账，一拨一拨地只管往王记去。李记酒店就处于亏损状态。开始，李守道还坚持着，时间一长，越亏越多，欠了一屁股债，酒店只好关门。李守道从此也离开了小镇。

小镇上只有王记一家像样一点的酒店，王有法的日子就更滋润了。

后来，小镇上也曾先后开业过几家像样的酒店，有两家甚至比王有法的王记酒店大得多。但王有法有办法，每天端个茶壶东走走，西转转，似乎一切并不放在心上，但王记酒店的生意却一天比一天好。那些竞争对手们一个一个都败下阵来，后来，全都关了门。小镇上大一点的酒店仍然只有王记一家。

王有法仍然每天端着茶杯东游西转，但他的酒店规模却逐渐壮大。在小镇，王有法成了首屈一指的富人。王有法就在不断地成功中享受着舒心的日子。

多年之后，小镇突然来了一个实力很雄厚的外商，要在小镇投资办企业。外商来的那天，不但镇里的大小领导都来了，县里也来了不少领导，县委书记亲自陪着那外商。

人们发现，那外商居然是李守道。原来，他离开小镇后，不断摸爬滚打，经历了不知多少次失败，最后居然挣下了数千万的资产。

后来有一天，王有法和李守道在一起叙旧，王有法感慨道："我一直认为你做生意不如我，事实上当年你也的确败在我手下，小镇那么多开酒店的都败在我手下，可为什么你成了千万富翁，而我却仍在开一家小店？"

李守道说："说实话，你做生意的确很有天赋，所以每次和对手竞争时你都胜利了。正是这种不断的小成功，让你始终处于一种无忧的生活之中，没有太大的压力，自然也就失去继续拼搏的动力，所以你只能继续开你的小店。可以说，正是这种不断的小成功阻碍了你走向更大的成功。"

人都是有惰性的，在一个安逸舒适的环境中，人常会迷失了自己，君不见后主刘禅无复国之雄心，无立业之压力，终至乐不思蜀。试想若将他置于越王勾践之境地，历史又当如何书写？

心灵悄悄话

挫折和苦难时时充满了我们的生活，怎样对待它才是至关重要。人生就有如洪水般的奔流不止，不遇到暗礁，就难以激起美丽的浪花。面对挫折和苦难，我们应该一往无前地奋斗不止，因为只有这样我们的人生才是完美的人生！

活给自己看

父子俩牵着驴进城，半路上有人笑他们：真笨，有驴子不骑！父亲便叫儿子骑上驴。走了不久，又有人说：真是不孝的儿子，竟然让自己的父亲走路。父亲赶快叫儿子下来，自己骑到驴背上。又有人说：真是狠心的父亲，不怕把孩子累死？父亲连忙叫儿子也骑上驴背。谁知又有人说：两个人骑在驴背上，不怕把那瘦驴压死？父子俩赶快溜下驴背，把驴子四只脚绑起来用棍子扛着。经过一座桥时，驴子因为不舒服，挣扎了下来，结果掉到河里淹死了。

看，如何对待驴子这件小事，由于没主见，一味听信他人的话，弄得自己手足无措、无所适从。但现实生活中这样的现象比比皆是，屡见不鲜。人们常常囿于世俗的偏见，脱离自身实际干出一些违背自己意愿的傻事。

其实，人是为了自己而活着，不是为了别人。只要不伤害别人的利益，自己觉得怎么正确、怎么幸福，就怎么坚持。完全没有必要为了获得别人的认可，而放弃自己的信念，去活在别人的眼光里，活在别人的话语里。人生原本就是一出没有剧本的活剧，每个人既是主角又是导演。因此，但求洒脱与精彩，唯有随心所欲，活给自己看。

她是个很成功的女子，不到30岁的年纪，有诸多小说出版，虽然没有给她带来太大名气，却带来了足够的财富——那些小说，大多被影视公司选中，然后她自己改编成剧本，三年的时间，她就在那个

美丽的城市拥有了足够优越的生活。

也许是性格的缘故，她却并不为此张扬，不太爱说话，穿平常的衣衫，不化妆不戴首饰。

那次，报社决定在她的一部小说改编的电视剧播出时，为她做个专访。记者过去，她却显得羞涩，不知道应该说什么。后来记者说："干脆，你该做什么做什么，让我从旁观者的角度看看你的生活吧。"

她好像才放松下来，笑笑，打开电脑。不再为无法应对记者的问题而为难。

那天的她，穿了件再平常不过的纯棉T恤，牛仔裤，头发扎成松松的马尾。打开电脑回了两封邮件，关闭，说："今天，我原本是打算要逛街的。"

记者欣然愿意同往。

她逛街的习惯，看起来更似小女孩，喜欢那些琳琅满目的小饰品，但只是逛，并不买什么。最后她走进一家纯正的品牌首饰店。

进了店里，店员却并不热情，那天的记者也是再寻常不过的装扮，T恤和平底鞋，一眼看过去，她们都是处境太过寻常的女子。但她，的确不是，记者在她的玻璃书柜中看到一些物品，价值自是不菲的，似乎，她喜欢这些精致的小首饰，她想要，绝对买得起。也不是为佩戴，只为喜欢收藏。

对店员略略冷落的态度，她似乎并未留意到，很快，在展示柜内看中一条细细的镶嵌了一圈精巧钻石的手链，记者下意识地贴近去看价格，而她只微笑对离得最近的店员说："请取这条手链看一下好吗？"

店员的眼神明显带着不屑，自她们进门，已用那种不屑的眼光将她们从上到下打量过了，现在听她这样一说，女孩挑挑眉毛说："那条手链现在打八折，折后价是3800元。一分都不能少了，你确定要看吗？"

记者一下子气愤起来，明显地，店员在歧视她。刚要对此提出异

43

议，她却拉拉记者的衣袖，笑笑说，"既然这样，我们走吧。"然后依旧微笑着，牵着记者离开了那家首饰店。

走出门来，记者还在为此愤愤不平，一是为对方这种以貌取人的态度，再是为她委屈，她实在算是有钱的女子，实在不必受这份委屈。但看上去，她却真的不在意，心平气和地离开了。

随后，她在另外一家店里买到更好的手链。

回去，记者还记得她被冷落的那一幕，忍不住说："当时，你为什么不指责那个小店员。"

"指责她干什么呢？指责她态度不好还是没有看出我是个有钱人？"她笑着说："生活不是过给别人看的，而是过给我们自己看的。自己知道就好。"

记者一怔，却忽然在那一刻，找到了自己采访的亮点，也终于知道了她成功的根源，一个活给自己看的女子，不为诸多的虚名和浮华所累，她注定活得更简单更好。

人应该活给自己看。身体是自己的，生命是自己的，灵魂是自己的，人生也是自己的，既然都是自己的，为什么要活给别人看呢？我们既然有了真诚，为什么还要披上虚伪的外衣，让别人来看呢？人，应该活给自己看。给自己一个骄傲的借口，给自己一个幸福的理由，给自己一份别人所不能给予的温暖。敢于唱出心灵中最真诚的呼唤，而不必扭扭捏捏，东遮西掩。拥有时，不必去矫饰喜悦，失去了，也不要过于悲伤。

心灵悄悄话

活给自己，笑给自己，演给自己，唱给自己，把快乐的钥匙掌握在自己的手中、心里和灵魂深处！

不要压抑真实的感情

人生弹指一挥间，如白驹过隙，刹那芳华。回首已是百年身。

迄今为止，有谁敢说，我想做的事情都义无反顾地做了，想实现的梦想都去努力实现了，想抓住的机会都没有放过。我的人生不留遗憾。

大概，没有人能拍着胸脯这样说吧。

我们无须评判什么样的人生才是成功的人生，其实任何一种活法都是人的自由选择，只要从心出发，活得适意而满足，求仁得仁，是谓幸福。

我只想提醒大家一点，那就是无论选择何种活法，都不要压抑与忍耐地活着。一味勉强自己，什么事都憋在心里，想说的不肯说，想做的不去做，完全失去自我，只是为他人而活，过分在意别人的看法，从而无限度地隐忍，这样的人生是很辛苦的，也是最容易留下遗憾的。

尤其是中年人，为着生活，为着家庭，为着老小，从来不敢争意气，强出头，总是忍耐再忍耐，以大局为重，只要能让家人温饱，眼泪牙齿和血吞下，在所不计。渐渐背驼了，志短了，身体出现问题了，也只能深深叹一口气。

举个例子，如果我在工作中发现了上司的错误，我会毫无不犹像地指出来，而不是闷在心里。于公于私，发现他人的错误都应该及时给予提醒，说出自己的观点和意见。假如上司因此而发火不满，那只能说明他心胸狭窄。

自 然

有时连家人都劝我要注意影响，别老那么直言不讳，像个火药筒子似的，当心祸从口出，给自己找麻烦。

我能理解家人的良苦用心，可是我无法做到那样八面玲珑。也许，我不是那种传统意义上的"老好人"，只懂委曲求全，一味以和为贵。直到现在，我仍然坚持，人一定不能虚伪压抑地活着，否则将是身心健康之大忌。

心灵悄悄话

人生有各种各样的活法，有人辞官归故里，有人漏夜赶科场。有的人一辈子逆来顺受，也有的人放荡不羁，还有的人自甘平庸，但也有人孜孜以求。

第二篇 >>>

凡事都得看得开

只要我们能够以一种平和的心态对待生活中的一些琐事。那么,你就会享受到生活本应有的快乐与幸福。凡事看得开、凡事看得透、凡事看得远、凡事看得准、凡事看得淡,这需要我们保持一种超然淡泊而又洞若观火的心境,不要在意小事,为一些无谓的小事而烦恼。

别把时间浪费在生气上了!人生在世,不应该遗忘的东西就不能遗忘,不应该记得的东西就要把它忘得一干二净。难得糊涂,是人屡经世事沧桑之后的成熟与从容。

何苦要为小事生气

人面对着现实世界，有多少令我们心境不宁的事情——

在家中，在单位，甚至走在大街上，你都会遇到许多烦心的事：孩子功课不好，又不用功；单位领导莫名其妙地冲你发火，为一件微不足道的小事足足批评了你一小时；下属也好像故意与你作对，总是不按你的吩咐做事；路上，一人走路匆匆忙忙，把你唯一一双可以算得上的漂亮的鞋子踩上一个大大的脚印，还骂骂咧咧地说你挡了他的路……

我们没有权力也没有能力去左右别人的行为，于是无数的小事一点点夺走了我们快乐的心情，我们也觉得为这些小事生气是非常合情合理的，自己不开心也是事出有因的，就"心安理得"地承受着来自各方面的压力。

然而你从来没有意识到，生气是毫无意义的事，它不但影响到周围的人际关系，还影响了你自己的身心健康。

有一个人夜里做了个梦，在梦中，他看到一位头戴白帽，脚穿白鞋，腰佩黑剑的壮士，向他大声斥责，并向他的脸上吐口水，吓得他从梦中惊醒过来。次日，他闷闷不乐地对朋友说："我自小到大从未受过别人的侮辱，但昨夜梦里却被人骂并吐了口水，我很不甘心，一定要找出这个人来，否则我将一死了之。"于是，他每天一早起来，便站在熙熙攘攘的十字路口寻找梦中的敌人。几个星期过去了，他仍然找不到这个人。结果，他竟自刎而死。

看到这个故事，你也许会嘲笑主人公的愚蠢，做梦乃是一件极其平常的小事，做噩梦也是常有的事，怎么能为此而放弃生命呢？可生活中就有许多人为小事抓狂，不惜与别人闹翻，甚至大打出手。

我们通常能很勇敢地面对生活中一些大的危机，可是经常被一些芝麻大的小事搞得垂头丧气。

在科罗拉多州长山坡上，躺着一棵大树的残躯。

据自然学家介绍，它曾经有过 400 多年的历史。在它漫长的生命里，曾被闪电击中过十几次，它都没有被击倒。但在最后，一小队甲虫的攻击却使它永远倒在了地上。

甲虫虽小，却是持续不断地攻击。众多的小虫从根部向里咬，渐渐伤了树的元气。这样一棵树立在森林中多年的骄傲的巨木，岁月不曾使它枯萎，电闪雷鸣不曾将它击倒，狂风暴雨不曾将它动摇，却因无法对抗的一小队用大拇指和食指就能捏死的小甲虫，终于倒了下来。

看到这样的事实，你是否心里一颤，我们的人生不就像森林中那棵身经百战的大树吗？成长中无数的挫折让我们日渐坚强与成熟，在经历生命中无数狂风暴雨和闪电的袭击后，都撑过来了，可是我们的生命里却有着无数只"小甲虫"企图在不知不觉中击倒我们。所以，无论如何，为了你自己的健康，请你不要再为小事生气、动怒了。

1965 年 9 月 7 日，世界台球冠军争夺赛还在美国纽约举行。路易斯·福克斯的得分一路遥遥领先，只要再得几分便可稳拿冠军了。就在这个时候，他发现一个苍蝇落在主球上，他挥手将苍蝇赶走了。可是，当他俯身击球的时候，那只苍蝇又飞回来了，他起身驱赶苍蝇。但苍蝇好像是有意跟他作对，他一回到球台，它就又飞回到主球上来，引得周围的观众哈哈大笑。

路易斯·福克斯的情绪恶劣到了极点，终于失去理智，愤怒地用球杆去击打苍蝇，球杆碰动了主球，裁判判他击球，他因此失去了一轮机会。路易斯·福克斯方寸大乱，连连失利，而对手约翰·迪瑞则愈战愈勇，最后摘得了桂冠。第二天早上，人们在河里发现了路易斯·福克斯的尸体，他投河自杀了！

一只小小的苍蝇，竟然击倒了所向无敌的世界冠军！

人生是短暂的，为这些小事而浪费你的时间、耗费你的精力是不值得的。英国著名作家迪斯雷利曾经说过："为小事生气的人，生命是短暂的。"如果你真正理解了这句话的深刻含义，那么你就不会再为一些不值一提的小事情而生气了。

烦由心生。其实，那么多的烦恼都是由于人的贪婪、嫉妒、虚荣等心理欲望在作怪，这种种的欲望，把本来如白纸一样纯洁的心浸染成五颜六色。即使知道那句"生气是拿别人的错误来惩罚自己"，还是控制不了自己。其实这些烦恼虽然来无影去无踪，但当它们主动来敲我们的房门时，我们也并非束手无策。

千万不要觉得"心里装有烦恼"才是对自己负责任，也不要认为自己一定不能退步，一定要战胜，这样只会让烦恼愈积愈深，这些小事都是试图让你不快的陷阱，千万不要上当，这些小事只想要把我们绑住，耗损我们的心力，以至于无法专注其他更重要的事情。

我们不能被小事情绊住前进的脚步。生活需要你面对自己的不幸与失意，需要你在人生低谷的时候奋起，需要你在痛苦时寻找快乐，在愤怒时选择冷静，在执迷时敢于放弃，在失意时学会忘记！人之所以能够主宰这个世界，并不是因为我们有强壮的身体，也不是因为我们有锋利的牙齿，而是因为我们有一个充满智慧的大脑，一个看开世事、不为小事烦恼的豁达心态。

只要我们能够以一种平和的心态对待生活中的一些琐事。那么，

你就会享受到生活本应有的快乐与幸福。凡事看得开、凡事看得透、凡事看得远、凡事看得准、凡事看得淡，这需要我们保持一种超然淡泊而又洞若观火的心境，不要在意小事，为一些无谓的小事而烦恼。别把时间浪费在生气上了！

心灵悄悄话

要想获得真正的快乐，开开心心地过好每一天，我们就必须走出狭隘，放开心胸，学会宽容和忍让，去除嫉恨之心，要有"宰相肚里能撑船"的雅量，不要为生活中那些无谓的小事去生气。同时要学会理解人、体贴人，能够以诚待人，以情感人，不要为一些小事而耿耿于怀。

不要过分计较眼前小利

在人生的旅途中，许多年轻人被短期的利益蒙蔽了双眼，看不清未来发展的道路。等到意识到问题的严重性，再奋起直追时，已经浪费和错过了最好的时机，无法赶上了。

在此，给年轻人提个建议：在你开始工作时，不要太多地考虑薪水问题！要注重工作本身给你带来的价值——发展你的技能，完善你的人格品质……

有位女大学生初入社会，找到一个不错的工作，这份工作她很喜欢，兼具挑战性和稳定性，长远看来也挺有发展的潜力。她十分庆幸自己的好运，和同事混熟后，更觉得工作环境和人际关系都很不错。

一天，她和同事在聊天时，一位比她晚进公司的同事问她月薪多少，两人相比较之下，她发现自己比同事的月薪少了 1000 元。

"那个同事比我晚进公司，工作能力又没我强，月薪竟然比我高！真是太过分了！"她生气地说，从此上班也失去了原有的快乐心情。她有种被打败的感觉，就连原来因为尽全力达成目标时所带来的成就感和踏实感也不复存在了。那 1000 元夺走了她的自尊、内心的平静和自给自足的快乐。所有的事都没有改变，只因为她觉得自己比别人"少了一些"。

我们终日计较自己"够不够多"，而忽视了自己内心真实需要的那份快乐。相反，如果我们解开了这个结，可能会过得更轻松、更

自悠

自由。

在美国，曾有一位成就斐然的年轻人，他是一家大酒店的老板。他似乎并没有什么特殊才能，但他有一段传奇的经历。

"几年前，我还是一家路边简陋旅店的临时员工，根本就没有什么发展的前途可言。"他回忆道："一个寒冷的冬天，已经很晚了，我正准备关门，进来一对上了年纪的夫妇。他们正为找不到住处发愁。不巧的是，我们店里也客满了。看到他们又困又乏的样子，我很不忍心将他们拒之门外，于是就将自己的铺位让给他们，自己在大厅睡地铺。第二天一早，他们坚持按价支付给我个人房费，我拒绝了，本来也就没有什么嘛！"

"那对夫妇临走时对我说：'你有足够的能力当一家大酒店的老板。'"年轻人脸上露出憨厚的笑容。

"开始我觉得这不过是一句客气话，然而没想到一年后，我收到了一封纽约来信，正是出自那对夫妇之手，还有一张前往纽约的机票。他们在信中告诉我，他们专门为我建了一座大酒店，邀请我经营管理。"

年轻人没有计较一夜的房费，而正是这一举手之劳，他获得了一个梦寐以求的机会。

有一个人非常幸运地得到了一颗硕大而美丽的珍珠，然而他并不感到满足，因为在那颗珍珠上面有一个小小的斑点。他想若是能够将这个小小的斑点剔除，那么它肯定会成为世界上最珍贵的宝物。

于是，他就下狠心削去了珍珠的表层，可是斑点还在；他又削去了一层又一层，直到最后，那个斑点没有了，而珍珠也不复存在了。

那个人心痛不已，并由此一病不起。在临终前，他无比懊悔地对家人说："若当时我不去计较那一个斑点，现在我的手里还会握着一颗美丽的珍珠啊。"

我们平时斤斤计较于事情的对错，道理的多寡，感情的厚薄，在智者的眼里，这种认真却是很可笑的。

斤斤计较一开始只是为了争取个人的小利益，但久而久之，当它变成一种习惯时，为利益而利益，为计较而计较，就会使人变得心胸狭隘、自私自利。

付出多少，得到多少，这是一个基本的社会规律。也许你的投入无法立刻得到回报，不要气馁，一如既往地付出，回报可能会在不经意间，以出人意料的方式出现。

在职业生涯中，任何一位普通人都会想："公司和老板为我做了些什么？"而那些富有远见的人则会想："我能为公司做些什么？"大多数人都认为尽自己的能力完成分配的任务，对得起自己的薪水就可以了。但是，这还远远不够，要想取得成功，必须付出更多，才能获得更多。

也许你会觉得自己已经在工作中投入了很多，却没有马上得到回报，而心有不甘。你会想既然不能升职，还不如忙里偷闲，反正也不会被开除、扣工资。这样一来，以后你就可能会拖延怠工，以免提前完成工作，会揽上其他的事务。久而久之，你的进取心将被磨灭。另外，如果你计较自己的付出没有在短期内得到回报，继而会产生抵触情绪，还会影响你在公司里的人际交往。这样下去，你将一无所获。

心灵悄悄话

一个人注重现实利益本身并没有错，关键是不能因此而耽误了个人能力的培养，影响了自己的发展前途。要想真正快乐地工作、很好地发展，就要在现实利益与未来价值之间找到一个平衡点。

学会睁只眼闭只眼

日常生活中充满着琐碎的鸡毛蒜皮的事，如果你事事较真，就会活得很痛苦。要想快乐而幸福地生活，就要学会装糊涂，学会睁只眼闭只眼。活得糊涂的人，容易幸福；活得清醒的人，容易烦恼。这是因为聪明的人看得太真切、太较真儿了，生活中便烦恼遍地；而糊涂的人，计较得少，虽然活得简单粗糙，却因此觅得了人生的大境界。

两个人在婚姻中朝夕相处久了，就容易"原形毕露"。这时候，夫妻双方要学会包容，只要是无关原则的小缺点、小错误，就应该睁一只眼闭一只眼，"糊涂"过去。

年仅26岁的小倩，美丽温和，却有着两次失败的婚姻，究其原因，就是她不懂得在婚姻中适时地假装"糊涂"。

小倩的第一任丈夫是个注册会计师，虽然性格脾气不算特别好，但是才华横溢，对朋友也慷慨大方。当初小倩就是看上他的才华和豪爽，但在婚姻中，小倩却发现他的优点变成了缺点。

有一次，朋友把她丈夫约去吃饭，酒喝得有点多，他很晚才回家。回来后告诉她，单位里忙，他一直在加班，后来有个客户突然有事要谈，于是应酬了一会。其实她在朋友那里已经知道他下午干什么去了，对于他的撒谎，小倩非常地生气，一直责怪他对自己说谎，两个人越吵越厉害，最后丈夫摔门而去。

小倩觉得很委屈，心里憋屈得难受。其实很多时候，她和丈夫吵架的时候，责备的话一出口，她心里已经没有气了。她只是想说出

来，释放一下自己，可是丈夫不懂得忍让，一定要和她"硬碰硬"，令她气上加气。每次吵不到一会儿，丈夫就会摔门而去。她却觉得气还没有发够，便把火窝在心里，下次又不由自主地烧起来。

在经济问题上，他们也经常吵架。小倩经常责备丈夫花钱过度，一点也不为家里考虑一下。而且丈夫还瞒着她攒些私房钱，自己大额花销。见她吵得凶了，他干脆也破罐子破摔，工资非但不交给她，而且自己想怎么潇洒就怎么潇洒，结果他们开始实行 AA 制。

这段婚姻，只维持了大半年的时间，小倩便毫不犹豫选择了离婚。

小倩的第二任丈夫，是她的初恋男友。其实，和第一任丈夫结婚后，每每发生争执，她总会想到前男友。前男友是个"凤凰男"，从农村里考学出来的。恋爱时，他们在一起，总是她在买单，他的某些举止，也令她觉得太"农民"。

然而，第一次婚姻的不幸，却令她几乎成天都在想着前男友的种种好处：他确实很小气，但他心疼自己，从来不和自己吵架，有什么事都让着她。在他面前，她永远是对的。她哭的时候，他也只是沉默地等着她发泄完后，守着她，再静静地递纸巾给她。

那时初恋男友还没有结婚，心里依然爱着她，她向他表述了自己的悔意，后悔当初没有珍惜他。他因为心里还有爱，也原谅了她。两个人复合没多久，便走进了婚姻的殿堂。

然而，她没有吸取前次婚姻失败的教训，依然像以前那样，对于丈夫的缺点，总是刻意睁大眼睛，挑剔无比。他不懂浪漫，情人节她想要花，他却说花又不能穿又不能吃，放不了两天就蔫了，买来干什么。他总是很节省，用她的话来说，抠门得堪比"葛朗台"。

他们一起出去，她总觉得他太笨了，衣着打扮比不上前夫的品位，而且与人打交道也老实而木讷，紧张起来，还会口吃。哪像前夫在外面总是谈吐得体、妙语连珠、风趣幽默，典型的外交家形象，前夫的这种气质也曾深深地吸引过她。

57

最令她不能忍受的是，有一次，丈夫偷偷把钱寄给了乡下的母亲，却对她说让小偷偷了。她很生气，她也不是抠门的人，但他怎么能对她撒谎呢？于是她忍不住责备他，他依旧是一声不吭，任她说。责备到后来，她几乎要发疯了，就是对着一块石头说话也不会这么痛苦呀。她觉得再也无法忍受他的笨拙和吝啬，以及他一心为乡下家人的无限度付出。这一段婚姻，最后又以失败告终。

其实，小倩的两任丈夫并非都不适合她，她的性情上也并非很强悍，但遗憾的是，她不懂得适时假装"糊涂"。如果小倩一直懂得在那些事上"糊涂"一些，再温柔地去对待那些细琐的小事，不论是和谁过日子，她都很容易得到一个幸福的婚姻。

聪明的女人，选择了所爱的人，就应该学会包容他的缺点，而不是要求他事事得做得合乎自己的"理想"。只要有爱，没有什么问题过不去。如果非要揪着缺点不放，将那些不体面的事摆到台面上说，只会给予婚姻致命的打击。反之，懂得适时假装"糊涂"，会使人感动并且心中会有甜蜜的感受，婚姻才更幸福长久。

难得糊涂是一种人生境界，是内心的一种宽容，是对他人的包容与忍让。郑板桥书写的"难得糊涂"，是他一生的体验和总结，成为一些人修炼本性的格言。难得糊涂，是人屡经世事沧桑之后的成熟和从容。这种糊涂与不明事理的真糊涂截然相反，它是人生大彻大悟之后的宁静心态的写照。

💗 心灵悄悄话

"睁一只眼，闭一只眼"是一种大家气度，是一种宽容的处世态度，它不仅体现了一个人的素养与智慧，更为重要的是，待人处世的好坏会直接影响一个人的命运。

善于忘记，欢乐就会常在

人生在世，不应该遗忘的东西就不能遗忘，不应该记得的东西就要把它忘得一干二净。

那么，什么是不该忘记的东西，什么又是应该忘记的东西呢？简单地说就是要记着快乐，忘记烦恼。

生活中，由于我们总是试图抓住一些我们无法挽回的事情，这些东西对我们来讲都是包袱，它们对我们是非常不利的，我们应该甩掉它们，应该把它们打入历史的坟墓。

你对生活的感觉主要取决于你的选择与追求。对于生活，我们要抱着发现和欣赏的心态；对于包袱，我们要抱着坚决抛弃的心态。

不要因为担忧过去而错过了今天的明媚阳光以及未来更好的机会。为什么让那过失、羞耻和错误继续缠绕着你呢？难道它不是已经很大程度上加深了你的皱纹，压歪了你的肩膀吗？难道它不是已经带走了你的欢笑，带走了你生活中的乐趣吗？因此，我们要把它从你的生活中赶走，把它从你记忆的石板上抹去，并且彻底忘记。

善于忘记从另一意思上讲就是要不念旧恶，日常生活中，别人对我们的帮助千万不可忘了；反之，别人倘若有愧对我们的地方，应该乐于忘记。

有一次，阿里和吉伯、马沙两位朋友一起旅行。三人行至一个山谷时，马沙失足滑落，幸而吉伯拼命拉住他，才将他救起。

马沙就在附近的大石头上刻下了："某年某月某日，吉伯救了马

沙一命。"三人继续走了几天，来到一处河边，吉伯与马沙为了一件小事吵起来，吉伯一气之下打了马沙一耳光，马沙就在沙滩上写下："某年某月某日，吉伯打了马沙一耳光。"

当他们旅游回来之后，阿里好奇地问马沙：为什么要把吉伯救他的事刻在石上，将吉伯打他的事写在沙滩上？马沙回答："我永远都感激吉伯救我。至于他打我的事，随着沙滩上字迹的消失，我会忘得一干二净。"

著名诗人萨迪说："谁想在困厄中得到援助，就应在平日待人以宽。"记住别人对我们的恩惠，洗去我们对别人的怨恨，这样的人生才会阳光明媚。

善于忘记是一种心理平衡。有一句名言说："生气是用别人的过错来惩罚自己。"

老是"念念不忘"别人的"坏处"，实际上最受其害的就是自己的心灵，搞得自己痛苦不堪，何必呢？这种人，轻则自我折磨，重则就可能导致疯狂的报复。

因此，为人处世就要乐于忘记，有点"不念旧恶"的精神，况且在许多情况下，人们误以为"恶"的，又未必就真的是"恶"。退一步说，即使是"恶"，对方心存歉意，诚惶诚恐，你不念恶，礼义相待，进而对他格外地表示亲近，也会使为"恶"者感念其诚，改"恶"从善。

最难得的是将心比心，谁没有过错呢？当我们有对不起别人的地方时，是多么渴望得到对方的谅解！是多么希望对方把这段不愉快的往事忘记！我们为什么不能用如此宽厚的理解开脱他人？

当你在工作中非常需要另一个人的帮助，而这个人曾与你有某种不和的时候，你该做些什么，显然，放弃并不是好办法，虽然不费吹灰之力便可做到，但会使你失去一个得力伙伴，你应该做的是化敌为友。

古往今来，不计前嫌、化敌为友的佳话举不胜举。以古为鉴，可以让我们明白事理，明辨是非，把握前途。

总之，世间最珍贵的不是"得不到"和"已失去"，而是现在能把握的幸福。乐于忘记则是把握现有快乐与幸福的最佳方法。

心灵悄悄话

一个人在任何情况下都可以选择快乐。既然如此，我们为什么不对自己微笑呢？丢掉人生旅途上不必要携带的行李，轻松一些，对自己微笑，也对别人微笑，不管有没有理由，只要发自内心，经常试一试，你会慢慢地高兴起来。

第二篇　凡事都得看得开

宽容他人，快乐自己

宽容是一种对事对人的洒脱的人生态度，宽容是一个人成熟的真正的标志，是一个人一生受福的美德。对人不宽容，其实正是自身懦弱的表现，一个对自己有自信的人是不用去嫉妒或排斥他人的。

在传统观念中，宽容向来被视为一种美德，但是，现代心理学家提醒人们，宽容不仅仅是一种美德，它还是一种保持心理卫生的心理健康之道。有的心理学者甚至提出了这样的口号——宽容是心理健康的"维生素"。

人生在世，要与各种各样的人打交道，这些与之交往的人中肯定会有不合其胃口的人，所以，有怨恨、愤怒等情绪也是在所难免的。而宽容则会使一个人尽可能少生气、少发怒，把你的生气频率、发怒频率降到最低点。

意愿及活动遭到挫折而产生的粗暴情绪，可以分为愠怒、愤怒、大怒和暴怒等，这些都是有害健康的不良情绪。

在两千多年前，对心理治疗有所研究的中国，古医书《内经》认为："大怒则形气绝，而血苑于上，使人薄厥。"

人在愤怒时会导致精神紧张，而精神紧张则会分泌毒性荷尔蒙，生成活性氧。这个活性氧生成的老化物质可能引起动脉硬化，也会侵害健康因子，使人产生各种各样的疾病。现在已知与活性氧有关的疾病有动脉硬化、癌、脑溢血、心肌梗塞、胃溃疡、过敏等。

比如癌症：活性氧与水结合后生成过氧化氢。过氧化氢再与氨结合在一起，就会变成单氢胺，这是一种强烈的致癌物质。

人一旦受到斥责或生气，心里窝火或烦躁不安，过氧化氢就会与体内的盐分结合，产生漂白粉，而漂白粉对人体来说则是剧毒物质。

而生闷气对人体的危害更大，科学家总结出了八大条：

1. 损害呼吸系统。会引起气促、胸闷、气逆、咳嗽和哮喘等疾病。

2. 危害肝脏。容易造成肝郁不舒，肝气不顺，肝胆不和。

3. 危害消化系统。气满肠胃后不知饥渴，气滞于胃，使消化系统停止蠕动。

4. 危害心脏。滞气不出，侵入心脏，易引起心跳加速。

5. 危害神经系统。干扰神经引起失眠。

6. 危害肾脏。逆气冲肾脏，会出现肾衰、尿频。

7. 危害内分泌。可引起甲状腺机能亢进。

8. 危害皮肤。可引起神经皮炎。

宽容能够让一个人避免发怒或生气。为了证明宽容对一个人保持心理健康的作用，有关专家做了一个试验。专家要求接受试验的人先用宽容的态度来回忆一个使自己受伤害的情景，然后再用非宽容的态度来回忆该情景，每个过程都持续相同的时间。结果发现，在非宽容期受试人员的平均心率从每 4 秒 1.75 次的基础值增加到每 4 秒 2.6 次，而血压在 4 秒一个周期则升高了 2.5mm/Hg。而受试人员在宽容期的心率及血压则是下降的。

另外，美国史丹佛大学所做的《史丹佛宽容计划》发现，参加这一计划的人员中，70% 的人表示受伤害的感觉降低了；20.3% 的人表示因怨恨而带来的身体疼痛、胃肠不适、头晕等症状减少了。

由此可见，科学家为"生气是在拿别人的过错来惩罚自己"这句话找到了科学依据。既然，生气对自己毫无益处，而宽容反而对自己有好处，那为什么不宽容他人以快乐自己呢？

清朝康熙年间，安徽桐城人士张英曾担任文华殿大学士兼礼部尚

书,他的家人在老家桐城修建宅院时,与邻居发生地界纠纷。此时的张英还在京城任职,于是家人快马加鞭送信到京城,希望张英能动用手中的权力"教训"邻居。

张英并没有按照家人的意思去做,而是作了一首诗回复家人,诗是这样写的:"千里修书只为墙,让他三尺又何妨?长城万里今犹在,不见当年秦始皇。"

家人看到这首诗后,马上后退三尺,邻居也觉得不好意思,于是也后退了三尺,彼此相让的结果是,一条六尺宽的小巷就此形成。

古语有云:"天地本宽,而鄙者自隘。"试想,如果张英是一个"鄙者",按照家人的意思去做,凭张英的势力是能"摆平"邻居,但他家从此也就与邻居结下了仇恨。邻居之间可以说是"抬头不见,低头见",此后的日子里,两家人相见难免会在心里有一股怨气,长此下去,不论是张英家还是他的邻居,身心健康都会受影响。并且父辈结下的仇怨,一般都会传至下一代,这样一来,张英留给子孙的就是仇恨以及仇恨造就的狭隘。

然而,张英不是"鄙者",也不是狭隘之人,他的宽容之心带动了邻居的宽容,在两家的宅院之间形成的是六尺宽的小巷,而这窄窄的六尺小巷,却造就了两家人比天空还要宽阔的心胸。

值得一提的是,在康、雍、乾三朝皆为官的清朝名臣张廷玉,即是张英的儿子,张廷玉在康熙时即中进士,后官至保和殿大学士、军机大臣,乾隆时期被加太保,张英的二儿子也是进士及第。于是,关于张英一家在当地流传着这样一个说法,"父子宰相府""五里三进士""隔河两状元"。可以说,张英的后代有如此作为,与张英宽容待人、淡泊名利、宁静致远的家教不无关系。

生活本不平静,有失意的雨、沮丧的云、忧伤的霞、恼人的风!我们无法改变这个世界和周围的环境,也无法改变这些难免的遗憾。"人生多憾事,十事九难全"。唯一可以改变的是我们这颗多变的心。

一个心灵宽广的人拥有的是满足和没有欲望的胸怀。与其把满足欲望当作快乐，不如净化心灵让自己坦然面对一切。一个能读懂他人心的人足够让自己快乐无比。愁也一生，乐也一生。快乐生活，快乐人生，真正的快乐天堂，就在我们的心中。

心灵悄悄话

宽容是一种伟大的能力，当你宽容别人的时候，体现的是自己的伟大。当别人宽容自己的时候，请把它当作一种恩惠。这个世界上因为许多人不懂得宽容，所以他们也就不懂得快乐，有些甚至造成了许多悲剧，让人触目惊心。

第二篇　凡事都得看得开

积极面对生活中的苦与甜

月有阴晴圆缺，人有悲欢离合，此事古难全。面对人生的不完美，我们要摆正心态。只有拥有积极的心态，才可以得到快乐，才可以改变自己的命运。乐观豁达不狭隘的人，能把平凡的日子变得富有情趣，能把沉重的生活变得轻松活泼，能把苦难的光阴变得甜美珍贵，能把烦琐的事情变得简单明了。

两个青年到一家公司求职，经理把第一位求职者叫到办公室，问道：

"你觉得你原来的公司怎么样？"

求职者面色阴郁地答道："唉，那里糟透了。同事们尔虞我诈，钩心斗角，部门经理粗野蛮横，以势压人，整个公司暮气沉沉，生活在那里令人感到十分压抑，所以我想换个理想的地方。"

"我们这里恐怕不是你理想的乐土。"经理说，于是这个年轻人满面愁容地走了出去。

第二个求职者也被问到这个问题，他答道："我们那儿挺好，同事们待人热情，乐于互助，经理们平易近人，关心下属，整个公司气氛融洽，生活得十分愉快。如果不是想发挥我的特长，我真不想离开那儿。"

"你被录取了。"经理笑吟吟地说。

面对同一种境况，不同的人有不同的心情、不同的理解。满怀激

情，你就会有一种振奋的感觉；失意悲观，你就会有一种痛苦或失落的感叹。

现实生活中的种种情绪，会使人对境况产生相同的或近似的联想、类比。正如英国人狄斯雷利所说：境遇不造人，是人造境遇。所以人要时时保持乐观的心态，这样你就会发现你的周围多了一分阳光，不顺心的事也会减少很多。

人生的意义，不在于我们走了多少崎岖的路，而在于我们从中感悟到了多少哲理。这些亘古不变的人间智慧将帮助我们认清真正的人生和享受人生的快乐。

追求享乐是人的天性，但经历苦难也是人生的必然。人如果不经过挫折、苦难，就不可能坚强，不可能成熟，不可能超凡脱俗，不可能达到人生的高级境界。

记住古训："天将降大任于斯人也，必先苦其心志，劳其筋骨，空乏其身"，才有可能达到"惊回首，离天三尺三"的境界！

因此，不要幻想生活总是那么圆圆满满。在人生旅途中，遇到失意与困惑并不可怕，只要我们心中的信念没有萎缩，即使凄风苦雨，我们也会不以为然。

"落英在晚春凋零，来年又灿烂一片"。黄叶在秋风中飘落，春天又焕发出勃勃生机。这何尝不是一种达观、一种超脱，一种人生的成熟，一份人情的练达。"山重水复疑无路，柳暗花明又一村"。苦难就要过去，光明就在眼前。

人生之旅，苦难与快乐同在，苦难在人生过程中也不可或缺，苦难使人思索，苦难使人成熟，苦难使人坚强，苦难使人珍惜快乐。只有经历了苦难之后才知道快乐的意思，才能寻找到快乐的真谛。

其实，快乐离我们每个人都很近很近，快乐就在我们每个人的生活之中，但却需要我们去发现，去挖掘，去开发，去创造。我们要当好自己的导演，演绎好自己的生活。愿快乐与我们同行，使自己活得更潇洒，更超凡，更快乐！

自 愈

要想让自己的生活多一些快乐，少一些痛苦，就要摆正自己的心态，笑看人生，才能拥有海阔天空的人生境界。正所谓，人生不会太圆满，摆正心态对苦甜。

心灵悄悄话

月满则亏，水满则溢。得到中总会失去些什么，这是世之常理。所以，在生活中，面对失去的，我们应该平静如水，面对得到的，也应该保持一颗平常心。

化解怨恨跳出狭隘的羁绊

希腊神话中有一位英雄叫海格力斯，他力大无穷，可以搬山，也可以填海，打遍天下也找不到一个能和自己匹敌的对手。

有一天，海格力斯因为追击敌人而走到了一条崎岖、狭窄的山道上，在他就要追到对手的时候，那个狡猾而阴险的对手忽然丢下一个袋子挡在海格力斯前进的路上。海格力斯十分恼怒，他不屑地喊："连山我也能一脚踢翻，何况你这个破袋子，收起你的伎俩吧！"海格力斯边喊，边飞起一脚狠狠踢在那个袋子上，但令海格力斯吃惊的是，自己狠狠的一脚不仅未把那个袋子踢飞，那个袋子反而变得比刚才更大了。

恼怒万分的海格力斯又狠狠飞起一脚踢在袋子上，那袋子不仅纹丝不动，而且又大了不少，甚至把海格力斯的道路一下子堵死了。海格力斯怒火万丈，他弯腰拔下身边的一棵大树，举起大树狠狠地砸向那可恶的袋子，但无论他多么用力，那袋子却始终完好无损，只是随着海格力斯一次又一次地狠砸，那个袋子变得越来越大，刚才还是一个微不足道的袋子，眨眼间却变得比山还大，甚至连大地和天空也要盛不下它了。而且，海格力斯砸一次，袋子里总有个人洋洋得意地讥笑海格力斯说："你这个笨熊，你砸呀，你砸呀，再过一会儿，我不费吹灰之力就足可压死你！"

海格力斯已经累得精疲力竭了，但那越来越大的袋子却依旧完好无损，而且变得越来越硬、越来越坚固。正在海格力斯束手无策的时候，从树林里跑出了一个白发苍苍的圣人，圣人喊："英雄，请千万

别踢、别砸这个袋子了，要不，它一定会将天胀塌的，请马上住手！"

海格力斯大吃一惊，他不知道这么一个破袋子为什么竟有如此巨大的魔力。圣人告诉海格力斯说："这个袋子叫仇恨袋，魔力无穷。如果你犯它，心里老记着它，它就会越来越膨胀，甚至可能将世界毁灭；如果你不理睬它，对它熟视无睹，那么它就会小如当初，连一点点的魔力也没有。"

圣人感慨说："心中充满仇恨，是一个人毁灭自己和毁灭世界的最大祸根啊！"

憎恨，是一匹脱缰的野马，它出现时，如果我们听之任之，由它撒野放狂，就会弄得自己遍体鳞伤。其实，对待憎恨，我们是不是可以算一笔成本和收益账？成本巨大、耗费空前的愤怒，只会伤害自己，那何不放弃呢？

拂去我们心中的怨恨，让我们的心灵多一分宽容，那么，我们人生的路上就会少掉"仇恨袋"一样膨胀起来的高山，我们就能拥有更多的平坦和阳光。假若一个人心里总是装满怨恨的火药，它可能不会炸毁别人，最容易毁灭的恰恰将会是他自己。

不让怨恨在我们的心灵占一席之地，这是我们生命平安和幸福的永恒秘诀。

心灵悄悄话

如果人们任由怨恨滋生，它就会像雪球一样越滚越大，最终会把人压得透不过气来。用宽容豁达去化解怨恨，才能让心灵跳出狭隘的羁绊，生命也将因此变得豁然开朗，五彩斑斓。

放宽眼界，不要一条道跑到黑

我们常会看到这样的一幕：一只苍蝇飞进了房间，你在追赶它时，它会不顾一切地向窗子撞去，即便撞疼、撞晕、掉在地上，它飞起来时还会继续朝窗子撞去。

然而，门就在它旁边，换个方向也许就是截然不同的两种命运，可是直到被捉或者被打死它也没有发现。

人也一样，要学会灵活变通地做事，只有这样才能获得一个不一样的人生。

在实际生活中，任何事物的发展都不是一条直线。智慧之人能看到直中之曲和曲中之直，并能不失时机地把握事物迂回发展的规律，通过迂回应变，达到既定的目标。反之，一个不善于变通的人，不仅眼界不宽，而且心胸狭隘，这样的"一根筋"只会四处碰壁，被撞得头破血流。

美国的知名政治家斯特拉曾说："对自己而言，最重要的不是别人如何看待你，而是你如何看待他们。"

有一种大眼睛鱼叫马嘉鱼，银肤燕尾，长得很漂亮，平时生活在深海中，每到春夏之交便会随着海潮漂游到浅海产卵。

当地渔民掌握了马嘉鱼的这个特性，用一个孔目粗疏的竹帘，下端系上铁块，放入水中，由两只小艇拖着，拦截鱼群。马嘉鱼的"个性"很强，不爱转弯，即使闯入罗网之中也不会停止。

所以一只只马嘉鱼"前赴后继"地陷入竹帘孔中，帘孔随之紧

缩。竹帘缩得愈紧，马嘉鱼愈愤怒，它们更加拼命往前冲，结果就会被牢牢卡死，最终被渔民所捕获。

这就告诉我们，当遇到复杂的事情时，不能总是一味地固执己见，或无法应对时就束手无策、坐以待毙。

只要灵活变通，脑子转快些、灵活点，别"一条道跑到黑"，就可以很好地解决问题。

变通是生活中不可缺少的智慧。有时候我们需要执着，但执着不是固执。做人不能太固执，要灵活变通。

善于灵活变通者，对手也能变为朋友，这就等于为自己的未来添了一条路。因此，要变通你的思路和态度，不要总是"一根筋"扯不断。

古时候，有两个和尚决定从一座庙走到另一座庙。他们走了一段路之后，遇到了一条河。河上的桥被洪水冲走了，但可以涉水而过。这时，一位漂亮的妇人正好走到河边。她说有急事必须过河，但她怕被河水冲走。

和尚甲立刻背起妇人，涉水过河，把她安全送到对岸。

和尚乙也默不作声地跟着过了河。

又走了好几里路后，和尚乙突然对和尚甲说："我们出家人是绝对不能近女色的，刚才你为何犯戒背那妇人过河呢？"

和尚甲淡淡地回答："我在好几里路之前就把她放下来了，可是我看你到现在还背着她呢！"

这个故事告诫我们，要学习和尚甲勇于任事的行为，而不要像和尚乙那样，很轻易就被一个成规束缚住了。

事实上，很多的时候，我们在生活之路上走得不顺，并不是路不够宽阔，而是我们的眼光太狭窄了，我们一条道跑到黑，没有想到，

条条大路通罗马。很多条路就在我们的眼皮底下，却被人为地忽视，使自诩为聪明的我们成为愚蠢的"经济动物"。

有一条鱼在很小的时候便被捕上了岸，渔人看它太小，而且很美丽，便把它当成礼物送给了女儿。小女孩把它放在一个鱼缸里养起来，每天它游来游去总会碰到鱼缸的内壁，心里便有一种不愉快的感觉。

这条鱼越长越大，在鱼缸里转身都困难了，女孩便给它换了更大的鱼缸，它又可以游来游去了。可是每次碰到鱼缸的内壁，它畅快的心情便会黯淡下来。

它有些讨厌这种原地转圈的生活了，索性静静地悬浮在水中，不游也不动，甚至连食物也不怎么吃了。

善良的女孩看着它很可怜，便把它放回了大海。它在海中不停地游着，心中却像以前一样不快乐。

一天它遇见了另一条鱼，那条鱼问它："你看起来好像闷闷不乐啊！"它叹了口气说："啊，这个鱼缸太大了，我怎么也游不到它的边！"

心就是一个人的翅膀，心有多大，世界就会变得多大。如果不能把心中的壁垒打破，即使给你一片大海，你也感受不到那一份自由。只有敞开心灵的栅栏，向所有的人开放，才会获得整个世界。我们要时刻抓住生活中的变化，来改变自己的一生。

英国人笛福，一生都在经商，却一无所获，到 60 岁时仍然不见起色，在一次经商的途中被推向荒岛，几乎丧命。这次遇险让他心灰意冷，从此绝了经商的念头，于是潜下心来，把自己的经历写成了著名的《鲁宾孙漂流记》，一举成名。

如果他还是一味地拘于原来的商业经营，就不会有后来享誉世界

73

的知名度。

生活中我们难免有走错路的时候，一时的失败算不了什么，关键是看你能不能审时度势，正确地转变前进的方向，避免陷入绝境。

美国的某摩天大厦因为游客的增多终于出现了令人困扰的拥堵问题。为了解决这个问题，工程师决定再修一部电梯。当电梯工程师和建筑师做好一切勘察准备，在现场准备进行穿凿作业时，每天在这里工作的清洁工出来攀谈了。

"你们要把各层地板都凿开？"

"是啊！不然没办法安装。"

"那大厦岂不是要停业好久了？"

"是啊！但是没有别的办法。如果再不安装一部电梯，情况比这更糟。"

"要是我，我就把新电梯安装在大厦外！"清洁工不以为然地说。

就这样，这个"不以为然"的草根智慧，成就了"观光电梯"的盛况。

也许有人会问，论知识水平工程师比清洁工高得多，却为什么想不到这一点呢？说来也不奇怪。原来在这两位工程师的心目中，楼梯不管是木的、混凝土的或电动的，都应是楼内之梯。如今要新增电梯，理所当然地也只能建在楼内，楼外连想也没想过。

清洁工人却根本没有这个框框。她所想的是实际问题：怎样使新建电梯不影响公司正常营业？她本人也不致失去工作？便很自然地提出把新电梯建在楼外的构想。

言者无意，听者有心。清洁工的一句话打破了两位工程师的思维习惯，开通了他们的创新思路。世界上第一座在大楼外安装的电梯就这样诞生了。

因此，我们在努力之后却还是没能成功的时候，应该这样想：上天告诉我，你转入另外一条发展道路上，也许你就会如愿以偿，应该认为另外一条新的道路已展现在你的眼前了。不要失望，不要气馁，振作起来！沿着这条新的道路轻装前进吧。

心灵悄悄话

特殊问题特殊对待，在处理事情时，必须先在想法上作巧妙的适当的转变，不能"一条道跑到黑"地去按常规出牌。当你遇到阻力而停滞不前，或因困难阻碍难行时，就要灵活变化一下方向，把阻力变成你前进的动力。正所谓"低头也是一种智慧"，低头不是对人臣服，而是一种灵活变通的智慧，是调整状态，相机而动。

第二篇　凡事都得看得开

第三篇 >>>

悔恨是痛苦之源

　　面对不可避免的事实要学会接受。不会用一颗平常的心来思考，就会不可避免地陷入于事无补的后悔之中。接受现实不是沉湎于不幸和痛苦中，而是敢于放手，思考怎样继续快乐地生活。生命的奇妙就在于此，谁都不知道下一秒将出现什么。接受现实才是一种豁达和明智。生活中，不幸的遭遇常常会让我们备受打击，让我们痛哭流涕，悲观失望，有些人对此不能很快忘掉，所以他们活得郁郁寡欢，闷闷不乐。人生总是有得有失，学会放弃是一种大智慧。无法挽回的就让它成为过去。

世上没有忘情水，更没有后悔药

生活中，人需要善待自己，需要原谅自己。人非圣贤，孰能无过？人都有犯错的时候，如果一犯错就把自己陷入后悔当中，就会影响自己的心情与生活。原谅一次自己所犯的过失，可以减轻自己的心理压力——当然原谅并不等于放纵。

人们常常因做错了某件事或错过了某次机会而后悔。人们产生后悔的原因大致可分为两种：

第一种是在做出决定之前对可能出现的消极后果有一定的预知，但由于疏忽大意或盲目乐观，对这种危险的苗头没能采取必要的预防措施，在这种情况下，人是非常后悔的，因为他已经接近正确的选择，只因一念之差发生了重大遗漏。

另一种后悔经常发生在盲目乐观者身上。决定者在制订行动方案时，有意回避不利的信息，对未来的困难、危险及不利条件根本未加考虑。由于没有任何心理准备，也没有任何有效的应急措施，因此，决定者只有惊恐和本能的防御反应，只能临时利用手头的力量补救一下，但终因补救措施的非系统化、非严密化而收效不大。

有的人经常后悔，而且是经历相似的后悔，他们的过失往往不是新的过失，而是屡次重复旧的过失。他们的后悔仅仅停留在肤浅的情绪水平，没能深深地触及认知结构，没能很好地剖析失误的原因和吸取发人深省的教训。

那么，如何将因过失而产生的后悔转化为深刻的教训呢？可以从以下几个方面入手：

首先，找出后悔的根源，找出导致过失的原因，从源头上预防类似情况再次发生。

其次，在陷入极度后悔的状态时，应淡化后悔的情绪色彩，积极采取挽救行动，但不应彻底遗忘后悔的情绪，适当地在心中保留后悔的经验才能对未来的选择有帮助。"健忘"正是屡犯相同错误的根本原因。

最后，在面临与过去相似的选择时，一定要仔细地回忆过去失败的情形，积极地利用过去的经验，从而避免犯相同的错误。

在现实生活中，很多人会对已经发生或做过的某些事情后悔莫及。对家庭不满，后悔当初选错了配偶，或后悔当初不该这么早就结婚；对自己的工作不满意，后悔当初选错了职业；对拥有的物品不满意，后悔买错了东西；对做错了的事情自责，后悔不应该做那些事情……可是，事情已经过去了，后悔对已经形成的事实根本就没有什么意义，这些后悔都是徒劳无益的。

一位哲人说："后悔就是在耗费精神，只能让自己的生活变得更加没有色彩，更会影响到自己的情绪。在这个连锁反应之下，只会让自己的处境变得糟糕起来。"记住这句话："药店里什么药都有卖，就是没有'后悔药'卖！"有多少事可以重来？永远不要在生活中总是说"假如"。生活中没有假如，时光也不可能会倒流。有些事情一旦发生过了或做过了，不管结果如何都已成为历史。自己所要面对的，只是事情的结果，而不是后悔。

有一个女人已是中年人了，可却还是单身一个人。她也曾经恋爱过，朋友也都曾经给她介绍过朋友，可是她总是不满意。当见第二个的时候，却发现原来第一个比第二个还要好一些，于是就开始后悔。于是见第三个、第四个……她一直都在后悔，发现之前见过的其实都不错……就这样，她慢慢地从一个少女变成了一个中年人，可是她还在不停地后悔着……

一个人因为自己的过失而带来的后悔情绪，大致可向两个方向去：一个是因为后悔，反而心生力量，振作起来，重新再来；一个是由后悔而滑向自怨自艾的泥潭，懊丧不已，以至于自暴自弃。上例中的那位女人就是属于后者，所以她才会错过了青春。

　　每天生活在后悔之中有什么用呢？难道后悔时间就会倒流，事情就会有转机吗？时光无法逆转，发生过的事情也无法改变。昔日不能重现，往事不能重来。后悔仅仅是一种追随往事的情感，它没有能力去把往事改变。我们需要的并不是后悔，我们能做的只有改正自己的错误与言行，以免以后后悔。不要对自己做过的事或做的选择感到后悔，应该把后悔的时间用来思考人生的未来。

心灵悄悄话

　　在这个世界上，谁都有做错事的时候，如果一味地沉浸在后悔之中，不但于事无补，而且会给身心带来严重伤害。所以，偶尔做错了一件事，不要老跟自己过不去，要懂得原谅自己，善待自己的过失，不要让过失成为自己前进的新绊脚石，而应让它成为自己前进的垫脚石。

过去的你铸就了今天的你

人生不可逆转，时光不能倒流。在过去的长河中我们难免留下了遗憾，偶尔回头去想想那些经历过的失误，也许对我们以后的人生、心态、行为，有一些纠正和指引。但，沉溺于当初的痛苦之中，只会停止我们的脚步。

想过吗？当我们说"早知道"的时候，就表示之前并不知道。既然是不知道，又能怎么样选择？我们又怎么对一件根本不知道的事做判断？

有两个这样的朋友。

一个时常痛苦地对着照片在家喝闷酒。另一个则时常痛苦地对着朋友在酒吧喝闷酒。在家对着照片喝闷酒的，是因为那个他深爱的女人嫁给了别人，所以，他痛苦。

在酒吧对着朋友喝闷酒的，是因为他娶了当初深爱的那个女人。结果却很不幸福，弄得自己很痛苦。

他们都很悔恨，都说假如重新选择一回，就会怎样怎样。可如果真的回到当初，就会如他们所说的那样吗？没有了痛苦，不会借酒浇愁？当然不是，不管做什么选择，不管与谁在一起，都难免会遇到这样或那样的大大小小碰撞、烦恼。也许，换成另外一种选择，现在这个困扰不在了，但又会有别的困扰产生——我们时常在不如意的时候，会懊悔当初的做法，可没有当初，就没有我们的现在。

不要浪费时间去后悔当初做的那些事，结果错过了现在该做的事，难道，我们又要在以后来后悔现在错过的这些事吗？

我们应该停止悔恨，把精力集中在"现在我能做什么"，而不是"当时我做了什么"，若能如此，那么，从失败中学到的，将会比从成功中学到的更多。

在电梯里听到过两个人的对话，男的对女的说："你今天应该感谢你原来的公司。"

女的回答他："每个人的今天都应该感谢昨天的沉淀。其实没有过去，也不会有现在。"

说得多好！

曾经一个经历沧桑的男人对一个女孩说："你要是知道了我的过去，可能就不会喜欢我。"

女孩回答说："过去的种种铸就了今天的你，即使过去曲折或者不幸。我喜欢的是现在的你，但是我感谢过去，因为它成就了现在的你。"

多智慧的回答！

正是过去，才铸造了我们今天的性格、容颜和所有……过去的都已经过去了，我们不应该往后看，除非能从过去的错误中获取有用的教训。过去无法改变，我们只能活在现在。

昨天已经过去了，时光无法倒回。不要说假如当初，没有当初，也就没有现在的我们。

假如没有过去……这只是一个假如，没有过去，也就没有现在的我们。

生活是不公平的，不要奢望自己成为上帝的宠儿。事情往往是你越想成为被眷顾的幸运儿，就越会让心中的不满和抱怨无限放大，就会越觉得别人对自己不公平。对于公平的一味追求，只会导致心理严

重失衡，变得怨天尤人，浮躁不安，没有足够的勇气再去接受现实的挑战，那就等于将自己彻底丢弃在绝望的边缘。

既然这样，端正自己的心态，用心去思考一下怎么去适应这样的不公吧！当你换个角度来看问题时，你会发觉得到的远比失去的要多。

不可否认，忘却的确不是一件简单的事情，特别是对于那些刻骨铭心的爱情和撕心裂肺的伤痛。对过去美好的追忆像潇潇夜雨一般滋润我们的心田，而与此同时，这种获得之后的失去又往往流淌着一股浓浓的惆怅和无奈，使我们为生命的无常而遗憾叹息。

但是无论怎样不舍，也不管如何难过，生活的车辙还是要继续向前行进的，我们总得给生命腾出一些空间来去接受新的东西。对于那些已经发生的不愉快经历，我们就要学会放弃，过去的就让它过去。

心灵悄悄话

终日想着那些不幸的经历和已经走错的路途，只会加剧往事遗留给我们自身的伤痛，也只会让我们对未来的看法越来越黑暗，越来越悲观。忘掉它们，把痛苦的过往从记忆中逐出吧，只有拔掉了疯长的杂草，我们心里才会长出茂盛的禾苗。

学会接受，才能释怀

面对不可避免的事实，我们就应该学着做到诗人惠特曼所说的那样："让我们学着像树木一样顺其自然，面对黑夜、风暴、饥饿、意外与挫折。"

许多不愉快的经历，我们是无法逃避的，也是无可选择的。我们只能接受已经存在的事实做自我调整，抗拒不但可能毁了自己的生活，而且也许会使自己精神崩溃。

一位很有名气的心理学教师，一天给学生上课时拿出一只十分精美的咖啡杯，当学生们正在赞美这只杯子的独特造型时，教师装出失手的样子，咖啡杯掉在水泥地上成了碎片，这时学生中不断发出惋惜声。教师指着咖啡杯的碎片说："你们一定为这只杯子感到惋惜，可是这种惋惜也无法使咖啡杯再恢复原形。学会接受现实很重要，今后在你们生活中发生了无可挽回的事时，请记住这破碎的咖啡杯。"

这是一堂很成功的素质教育课，学生们通过摔碎的咖啡杯懂得了，人在无法改变失败和不幸的厄运时，要学会接受它，适应它。

命运中总是充满了不可捉摸的变数，如果它给我们带来了快乐，当然是很好的，我们也很容易接受。但事情却往往并非如此，有时，它带给我们的会是可怕的灾难。这时我们只有学着去接受它，生活才会永远地充满阳光。

自勉

有一位老人，他特别喜欢收集各种古董，一旦发现自己喜欢的东西，无论花多大的价钱都要想办法买下来。

有一次，朋友告诉他，在旧货市场上发现了一个年代久远的瓷瓶。这位老人听到这个消息后，放下电话，骑上自行车就直奔旧货市场，最终，花了很高的价钱把那个瓷瓶买了下来。

老人把这个宝贝绑在了自行车的后座上，兴奋地边哼着小曲，边卖力地蹬着自行车。途中，由于瓷瓶拴得不牢固，只听见"咣"的一声，瓷瓶从自行车后座掉到了地上，摔得粉碎。

老人听到清脆的响声后，居然连头也不回地往前骑，嘴里还哼着"苏三离了洪洞县……"

这时，路边的一位行人对他大声喊道："老先生，你的瓷瓶摔碎了！"

"摔碎了吗？听声音一定是摔得粉碎，无可挽回了。"老人没有回头，只是大声地回应着那个行人。

"哟，真是个怪人！"

"摔碎了，多可惜呀！"

在路人的惋惜声中，老人的背影消失在人流之中。老人始终没停住自行车，甚至没有回一下头，就那样潇洒地走了。

人在无法改变不幸或不公的厄运时，要学会接受不可改变的现实。接受事实是克服任何不幸的第一步。即使我们不接受命运的安排，也不能改变事实分毫，我们唯一能改变的，只有自己。

接受现实，并不等于束手接受所有的不幸。只要有任何可以挽救的机会，我们就应该奋斗。但是，当我们发现情势已不能挽回时，我们最好就不要再思前想后，拒绝面对，只有如此，才能在人生的道路上掌握好平衡。我们每个人迟早要懂得这个道理。

人活在世上，都会有不顺心的事，都会有苦难、有挫折。可是有的人意气风发，有的人萎靡不振，这就需要我们有一个好的心境，不要和自己过不去，要学会接受。不会用一颗平常的心来思考，就会不可避免地陷入于事无补的后悔之中。接受现实不是沉湎于不幸和痛苦中，而是敢于放手，思考怎样继续快乐地生活。生命的奇妙就在于此，谁都不知道下一秒将出现什么，接受现实才是一种豁达和明智。

心灵悄悄话

　　我们在工作时就要全力以赴，不要过分计较眼前的一点利益，不要偷懒混日子。这样坚持下去，即使目前自己的薪水有些微薄，未来也一定会有所收获。

第三篇　悔恨是痛苦之源

过去的就让它过去吧

生活中，不幸的遭遇常常会让我们备受打击，让我们痛哭流涕，悲观失望，有些人对此不能很快忘掉，所以他们活得郁郁寡欢，闷闷不乐。人生总是有得有失，学会放弃是一种大智慧。无法挽回的就让它成为过去。

人生短暂，我们没有必要活在过去，活在痛苦的记忆里，忘记那些令你痛苦的事情，忘记曾经伤害你的人，然后微笑着迎接新的一天。

一个女孩失恋了，与她相恋了4年多的男友忽然提出与她分手。女孩想起他昔日的种种海誓山盟，他说要爱自己一辈子，陪自己一辈子……女孩想起他对自己说的甜言蜜语：宝贝，你是我的最爱，我就愿意被你欺负……可这一切，不过才经历了4年的时间就灰飞烟灭了。

女孩每天以泪洗面，想求他不要离开自己，给他打电话，不接；发信息，不回；后来对方干脆换了电话号码。她发疯似的四处找他，才发现他已经辞职，搬了家，而他的朋友也都不知他的去向。

她不甘心就这样失去他，她无心工作，干脆辞了职，在漫无边际的痛苦里游荡。有一天，她的一个朋友说她曾在一家餐厅里见到他和一个女孩在一起，很亲密的样子。她的泪水夺眶而出，好久才恨恨地说："我要找到他，我要报复他。"她开始抽烟，喝酒，乱交男友，可是她没有因此而获得快乐，相反却陷入了愈来愈深的痛苦之中。

这个女孩因为不懂放手不懂忘记而将自己推入了痛苦的深渊，实在是得不偿失。爱无对错，苦苦纠缠是对自己最大的伤害。既然无法挽回，就应该让它成为过去。

　　无论你曾体验过怎样的辛酸苦辣，无论你曾做过什么惊天动地的大事，拥有过何等辉煌的事迹，这一切都将在岁月流逝中化为平淡。我们没有必要让过去的事情束缚自己的手脚，在过去的甘苦中沉溺，把那早该埋葬的是是非非、恩恩怨怨，从残碎的记忆中抽出来咀嚼、玩味、修补。对往事的过分认真和流连，只能显示出一种与实际年龄不相吻合的幼稚天真和不谙世事。

　　有人说过去的事就如同东逝的春水，犹如过眼云烟般缓缓地被风吹散。我们不应该在今天想过去，那只是昔日的辉煌或者是离愁。放弃无法挽回的事情，反倒成全了美丽。

　　如果你感觉不到生活中的快乐，那么你需要把那些无法挽回的痛苦经历统统抛给过去，不要烦恼，拒绝怨恨，只有享受生活中的阳光，才能感受到活着不是为了承受痛苦，而是为了享受幸福。

　　快乐很深奥，快乐又很简单，简单到只需要记住美好，忘却伤害；简单到只要肯放弃对过往失败的耿耿于怀，从头再来。告诉自己"既然无法挽回，就让它成为过去"吧。

心灵悄悄话

　　忘记过去的痛苦，才能走出心灵的牢笼，不要再一次次地晾晒那永远也晒不干的往事，该舍弃的舍弃，该遗忘的遗忘。生命是一张单程车票，只有起点，没有返途。

三思方举步，百折不回头

有人曾问过一位智者：是"学习"难，还是"忘却"难？智者回答：学习难。然而，美国的经济学家却说："世界上最难的不是让人们接受新思想，而是使他们忘却旧观念！"

一位著名的芭蕾舞演员在接受记者采访时，让人看她因练功而变形的脚，大家都为她感到惋惜，这么曼妙的身材却有一双如此沧桑、丑陋的脚。演员笑笑回答说："一穿上这双舞鞋，我便无法让自己停下来，这是一条不归路，我踏上了就不可能回头。"在这里，我们看到了她对艺术的痴迷和执著。

其实，对于我们每一个人来说，又何尝不是如此呢？人生路，是不能回头的，因为水不会倒流，时钟不会倒走，一切事只要过去，就永不会回头，我们自一出生，就踏上了这样一条不归路。

许多人经常会说"如果再给我一次机会，我肯定会做得更好！"但生活永远不会给我们第二次选择的机会，我们可以转身去看，但却永不能回头。一切事一旦发生，便永不能再回头了。回头是危险的，一边跑一边回头的人绝对跑不快，而且容易摔倒；总是回头缅怀过去的人，就不容易开创未来。

所以，"三思方举步，百折不回头"。细思之，这两句看似平常的格言其实隐含着非常深刻的人生哲理。

美国著名社会学大师拿破仑·希尔还是一个小孩的时候，有一天，他和几个小朋友一起在密苏里州西北部一间荒废的老木屋的阁楼

上玩。一不小心，他从阁楼上滑了下去。他手指上偷带着的爸爸的戒指勾住了一根钉子，一股强大的力量把他不算强壮的整根手指都拉脱了下来。他尖声地叫着，吓坏了，以为自己死定了。然而，他活了下来，但失去了一根手指。

在他的手好了之后，他就再也没有为这个烦恼过，再烦恼又有什么用呢？他接受了这个不可逆转的事实。他根本就没再想过，他左手只有四个指头。

还有一个开货梯的人，他的左手被齐腕砍断了。很多人问他少了那只手会不会觉得难过，他说："我很少想到它，只有在要穿针的时候，才会想起这件事来。"他很幽默，把自己的故事写成了书，他就是德国著名心理学者海因里希·罗格斯。

在岁月的长河中，我们一定会碰到一些令人不快的情况，它们既是这样，就不可能是那样。但我们可以有所选择，可以把它们当作一种不可避免的情况加以接受，并且适应它。当然，我们也可以用忧虑来毁灭自己的生活，甚至最后可能会弄得精神崩溃，就看我们自己渴望得到什么。

人们常说，覆水难收。已经泼出去的水和说过的话、做过的事都难以挽回，人生之路是不可逆转的，当然也就不可能重新选择；如果做出了选择，即使再不满意，也无可奈何，只有想办法如何做得更好。

只要不再为过去发生的事后悔，不再让那些已经过去、已经做过的事影响我们，我们所挽救的就是整个人生的快乐和圆满。

天使之所以能够飞翔，是因为她有轻盈的人生态度。当给她的翅膀系上了黄金时，也就不再飞得远了。我们也应该如此，放弃人生种种包袱，轻装上阵。

我们生活在现在，面向着未来，过去的一切都被时间之水冲得一去不复返。我们没有必要念念不忘那些不愉快。念念不忘，只能被它

腐蚀。

　　苦苦地挽留夕阳的，是傻子；久久地感伤春光的，是蠢人。对于旧事物不愿放弃的人，常会失去更珍贵的新东西。

心灵悄悄话

　　生活有时会逼迫我们，不得不交出权力，不得不放走机遇，甚至不得不抛弃爱情。学学阿Q，对自己说："没有关系，旧的不去，新的不来！"在生活中我们就应该学会不为失去而后悔难当，应该学会大度地放弃一些事物。

莫待失去，方知后悔

我们任何人，无论是谁，经历人生磨炼之后，谁能说没有后悔的事情？不管是东西的失去，友谊的破碎，抑或是别人的忠言，诸多类似。

人总是这样，拥有的时候不懂得珍惜，失去了才追悔莫及，后悔当初没能好好珍惜，好好把握。但是正是因为如此，我们在失去之后才能更懂得珍惜，去把握当下，做到少一点后悔，多一点完美，亡羊补牢也不晚。

千万不要在碰壁后仍然坚持自己是对的，那样是最可怕的。人无完人，总会犯错误的，在追求完美的道路上，偶尔的错误，及时纠正，仍然可以继续前行，最终成功。

从前，有一座圆音寺，每天都有许多人上香拜佛，香火很旺。在圆音寺庙前的横梁上有个蜘蛛结了张网，由于每天都受到香火和虔诚的祭拜的熏陶，蛛蛛便有了佛性。经过了千年的修炼，蛛蛛佛性增加了不少。

忽然有一天，佛祖光临了圆音寺，看见这里香火甚旺，十分高兴。离开寺庙的时候，不经意间地抬头，看见了横梁上的蜘蛛。佛祖停下来，问这只蜘蛛："你我相见总算是有缘，我来问你个问题，看你修炼了这一千多年来，有什么真知灼见。怎么样？"蜘蛛遇见佛祖很是高兴，连忙答应了。

佛祖问道："世间什么才是最珍贵的？"蜘蛛想了想，回答道：

"世间最珍贵的是'得不到'和'已失去'。"佛祖点了点头，离开了。

就这样又过了一千年的光景，蜘蛛依旧在圆音寺的横梁上修炼，它的佛性大增。一日，佛祖又来到寺前，对蜘蛛说道："你可还好，一千年前的那个问题，你可有什么更深的认识吗？"蜘蛛说："我觉得世间最珍贵的是'得不到'和'已失去'。"佛祖说："你再好好想想，我会再来找你的。"

又过了一千年，有一天，刮起了大风，风将一滴甘露吹到了蜘蛛网上。蜘蛛望着甘露，见它晶莹透亮，很漂亮，顿生喜爱之意。蜘蛛每天看着甘露很开心，它觉得这是三千年来最开心的几天。突然，又刮起了一阵大风，将甘露吹走了。蜘蛛一下子觉得失去了什么，感到很寂寞和难过。这时佛祖又来了，问蜘蛛："这一千年，你可好好想过这个问题：世间什么才是最珍贵的？"蜘蛛想到了甘露，对佛祖说："世间最珍贵的是'得不到'和'已失去'。"佛祖说："好，既然你有这样的认识，我让你到人间走一遭吧。"

就这样，蜘蛛投胎到了一个官宦家庭，成了一个富家小姐，父母为她取了个名字叫蛛儿。一晃，蛛儿到了16岁了，已经成了个婀娜多姿的少女，长得十分漂亮，楚楚动人。

这一日，新科状元郎甘鹿中士，皇帝决定在后花园为他举行庆功宴席。来了许多妙龄少女，包括蛛儿，还有皇帝的小公主长风公主。状元郎在席间表演诗词歌赋，大献才艺，在场的少女无一不被他折倒。但蛛儿一点也不紧张和吃醋，因为她知道，这是佛祖赐予她的姻缘。

过了些日子，说来很巧，蛛儿陪同母亲上香拜佛的时候，正好甘鹿也陪同母亲而来。上完香拜过佛，二位长者在一边说上了话。蛛儿和甘鹿便来到走廊上聊天，蛛儿很开心，终于可以和喜欢的人在一起了，但是甘鹿并没有表现出对她的喜爱。蛛儿对甘鹿说："你难道不曾记得16年前，圆音寺的蜘蛛网上的事情了吗？"甘鹿很诧异，说：

"蛛儿姑娘，你漂亮，也很讨人喜欢，但你想象力未免丰富了一点吧。"说罢便和母亲离开了。

蛛儿回到家，心想，佛祖既然安排了这场姻缘，为何不让他记得那件事？甘鹿为何对我没有一点的感觉？

几天后，皇帝下诏，命新科状元甘鹿和长风公主完婚；蛛儿和太子芝草完婚。这一消息对蛛儿如同晴空霹雳，她怎么也想不通，佛祖竟然这样对她。几日来，她不吃不喝，穷究急思，灵魂就将出壳，生命危在旦夕。太子芝草知道了，急忙赶来，扑倒在床边，对奄奄一息的蛛儿说道："那日，在后花园众姑娘中，我对你一见钟情，我苦求父皇，他才答应。如果你死了，那么我也就不活了。"说着就拿起了宝剑准备自刎。

就在这时，佛祖来了，他对快要出壳的蛛儿灵魂说："蜘蛛，你可曾想过，甘露（甘鹿）是由谁带到你这里来的呢？是风（长风公主）带来的，最后也是风将它带走的。甘鹿是属于长风公主的，他对你不过是生命中的一段插曲。而太子芝草是当年圆音寺门前的一棵小草，他看了你三千年，爱慕了你三千年，但你却从没有低下头看过它。蜘蛛，我再来问你，世间什么才是最珍贵的？"蜘蛛听了这些真相之后，好像一下子大彻大悟了，她对佛祖说："世间最珍贵的不是'得不到'和'已失去'，而是现在能把握的幸福。"刚说完，佛祖就离开了，蛛儿的灵魂也回位了，睁开眼睛，看到正要自刎的太子芝草，她马上打落宝剑，和太子深深地拥抱着……

我们在生活中所遇到的一切，都该珍惜，都该感激，不管好与不好。当我们是个学生，就尽量认真学习，珍惜同窗情谊；当我们工作时，尽量做好工作，珍惜同事情谊；当我们拥有家庭时，珍爱家人，时刻牢记自己的责任，时刻铭记自己的角色，不要错位；当我们做了领导，就应该为民谋福，正直清廉，而非贪财求色。一旦扮演的角色错位，必定招致祸患，害人害己，最终将自己送入地狱煎熬。那是相

当可怕的，也是最可悲的，也是真正的大不幸，人生的悲剧莫过于此！

当我们真正懂得了珍惜，懂得了感激，遗憾将不再现，也不再有"失去了才知可贵"的悔恨，生活也必定充满阳光，人生也必定坦荡！

心灵悄悄话

契诃夫说："人对自己已经有的东西，总归不知足。"后悔是一种耗费精神的情绪，后悔是比损失更大的损失，比错误更大的错误，所以不要后悔。与其无可挽回，要想让自己少一些后悔，就要学会珍惜，珍惜现在的时光，珍惜自己拥有的一切。

创新起始于舍弃

我国台湾作家刘墉在他的一篇作品中说："我们可以转身，但是不必回头，即使有一天发现自己错了，也应该转身，大步朝着对的方向迈去，而不是一直回头怨自己错了。"

迪伊·霍克是 VISA 信用卡网络公司的创办人。

早在 1997 年 7 月份的美国《优秀企业》杂志上，迪伊·霍克和几个精英人物就共同提出：目前企业所面临的问题不是学习而是忘却！

这就好比一个电脑，如果我们对它内在的程序、内在的文件资料统统都不满意，可电脑的空间已经满了，那该怎么做呢？我们是不是要先删除旧的程序、旧的文件？然后再装入新的程序、新的文件？这是一个必然的步骤，不然，旧的东西在阻挡，新的东西往哪里放呢？

正如，我们想得到更大的发展，关键问题不在于如何使头脑里产生崭新的、创造性的思想，而在于如何从头脑里淘汰旧观念！旧的观念不除去，新的观念很难植根发芽。

著名的管理学大师彼得·德鲁克曾说道："创新起始于舍弃，它不在于实施新措施，而在于舍弃的是什么。"

所以，现在就请阅读到此的读者朋友找出笔和纸，写下你最需要舍弃的三件事：也许是你过去最想改善的某个习惯，也许是某个你怨恨已久的人，也许是你想放弃又不敢放弃的旧工作……都可以，然后在这三件事后面划一个大大的"×"，并对着它们说："再见吧，舍弃你让我感觉轻松！"

自勉

旧的不去，新的不来，主动舍去那些经常困扰我们，却对我们没有任何用处的烦恼和意识，让新的思想和有意义的事物占据我们的心灵吧。今天的放弃，也许正是为了明天的得到。

爱迪生说过："没有放弃就没有选择，没有选择就没有发展。"在这个世界上，有很多人坚持着"矢志不渝"的思想，守着最初的道路不放。

如果我们坚信这条路是正确的，可以去坚持；如果经过实践证明这条路是错的，那就应当毫不犹豫地退回来，另走别的路。

因为，守望一处错误的方向，会使我们失去发展的机会，失掉可能的成功。

例如蒲松龄，由于当时科举制度不严谨，科场中贿赂盛行，舞弊成风，他四次考取举人都落第了。

最后，他放弃了"科考"这条可能不适合自己的道路，而选择了著书立说这个方向。他立志要写一部"孤愤之书"。

他在压纸的铜尺上镌刻了一副著名的对联：有志者，事竟成，破釜沉舟，百二秦关终属楚；苦心人，天不负，卧薪尝胆，三千越甲可吞吴。

蒲松龄以此自敬自勉。后来，他终于写成了一部文学巨著——《聊斋志异》，自己也成了万古流芳的文学家。

蒲松龄虽然科举落第，与仕途无缘，但他敢于舍弃旧的方向，找到了成就自己的另一条道路。在这条新开辟的道路上，他取得了成功，也为后人留下了宝贵的精神财富。

由此可见，人生并非只有一处辉煌，天涯处处有芳草，别处风景也许更加迷人，我们有时应该从新的角度看待生活，看待自己。

在这个世界上，为什么有的人活得轻松，有的人却活得沉重？因为，前者拿得起新事物，也放得下旧事物；而后者则刚好相反。

过去的就让它过去吧，沉湎在过去的不愉快和阴影中，只会是一种自伤。而忘却了的人会重新站在太阳初升的地平线上，展望一个灿烂的明天。别忘了，"明天，又是新的一天！"

有人曾把生命当作是一次长远的旅行，这实在是个极好的比喻。那么就让我们在这次旅行当中，轻装上阵，随时地清理自己的背包。该放弃的就应该放弃，该保留的就保留，让自己的人生活得更轻松更自在，让此次的旅途更加愉快、有趣！

心灵悄悄话

弘德法师曾用"红炉焰上片雪飞"来比喻人生之迅忽，生命之短暂。在这界定的人生路途中，我们应尽量卸掉包袱，轻装上阵，全身心地欣赏眼前这一斑斓的世界。

第三篇　悔恨是痛苦之源

第四篇 >>>

知足者才能常乐

　　作家毕淑敏曾说过："幸福是一种心灵的感觉，是不可以通过指标数据去量化的。"我们开心的程度，跟钱财的多少是不成比例的。有的人家财万贯，但每天还是忧心忡忡；有的人并不富裕，但对生活充满了乐观自信，所以笑容时常挂在脸上。知足才能常乐，所以为人处世一定要懂得满足，切忌贪婪。在如今这个五光十色的社会中，权力、金钱、美色如同一把把利剑高悬于我们的头上，我们在动心的同时，也要警告自己那是有风险的。因此，在诱惑面前应该适可而止，减少一点欲望，才不会葬送自己。

生命不止，欲壑难平

从古至今，无论是权贵还是平民，皆为"贪婪"这个词所困惑。有人因为贪婪而送命，有人因为贪婪而损失钱财，有人因为贪婪而失去幸福的家庭，有人因为贪婪成了阶下囚。而那些没有贪欲的人则生活得快乐而幸福。

从前，有两位很虔诚、很要好的教徒，决定一起到遥远的圣山朝圣。两人背起行囊，风尘仆仆地上路，发誓不达目的地，绝不返家。

两位教徒走了两个多星期后，遇见一位白发年长的圣者。这圣者看到两位教徒如此虔诚，千里迢迢前往圣山朝圣，十分感动，就告诉他们："这里距离圣山还有十天的路程，但是遗憾的是，在这十字路口我就要和你们分手了。在分手前，我要送给你们一个礼物。你们当中一个人先许愿，他的愿望一定会马上实现；而第二个人，就可以得到那个愿望的两倍！"

此时，一位教徒心里想：这太棒了，我已经知道我想许什么愿，但我不能先讲，因为如果我先许愿，他就可以有双倍的礼物，我就吃亏了，不行！

另外一教徒也自忖：我怎么可以先讲，让他获得加倍的礼物呢？

于是，两位教徒就开始客气起来，"你先讲嘛！""你比较年长，你先许愿吧！""不，应该你先许愿！"两位教徒彼此推来推去，"客套"了一番后，他们就开始不耐烦起来，气氛也变了，"你干吗！你先讲啊！""为什么我先讲？我才不要呢！"

两人推到最后，其中一人生气了，大声说道："喂，你真是个不识相、不知好歹的人，你再不许愿的话，我就把你的狗腿打断，把你掐死！"

另外一人一听，没想到他的朋友居然变脸，恐吓自己！于是想：你这么无情无义，我也不必对你太有情有义！我没办法得到的东西，你也休想得到！于是，这一教徒干脆把心一横，恶狠狠地说道："好，我先许愿！我希望——我的一只眼睛——瞎掉！"

很快地，这位教徒的一只眼睛瞎掉了，而与他同行的好朋友也立刻瞎掉了两只眼睛！

原本，这是一件十分美好的礼物，可以让两位好朋友共享，但是人的"贪念"，使得"祝福"变成"诅咒"，使"好友"变成"仇敌"，更使得本来可以"双赢"的事，变成了两个人的悲剧！

贪欲会使人的精力和体力双重透支。当欲望产生时，再多的物质都无法填满，贪多的结果只会导致无尽的烦恼和麻烦。学会接纳自己、欣赏自己，使我们从欲念的无底深渊中得到释放与自由。

据说上帝在创造蜈蚣时，并没有为它造脚，但是它仍可以爬得和蛇一样快速。有一天，它看到羚羊、梅花鹿和其他有脚的动物都跑得比它快，心里很不高兴，便忌妒地说："哼！脚越多，当然跑得越快。"

于是，它向上帝祷告说："上帝啊！我希望拥有比其他动物更多的脚。"

上帝答应了蜈蚣的请求。他把好多好多的脚放在蜈蚣面前，任凭它自由取用。

蜈蚣迫不及待地拿起这些脚，一只一只地往身体贴上去，从头一直贴到尾，直到再也没有地方可贴了，它才依依不舍地停止。

它心满意足地看着满身是脚的自己，心中窃喜："现在我可以像箭一样地飞出去了！"

但是，等它一开始要跑步时，才发觉自己完全无法控制这些脚。

这些脚噼里啪啦各走各的，它必须要全神贯注，才能使一大堆脚不致互相绊跌而顺利地往前走。

这样一来，它走得比以前更慢了。

过度的欲望让蜈蚣步伐缓慢、举步维艰，而人的心里一旦产生过分的欲望，终有一天，也会出现超载的现象，而这种负荷的结果是不堪设想的。

对付贪欲最有效的方法就是学会知足，减少私欲，使我们从欲念的无底深渊中得到释放与自由。与人相处，若好贪便宜必将被人唾弃；经营事业，若好高骛远，不能本着诚信原则慢慢扩张，事业也难以长久。

欲望是没有止境的，如果你一味追求一些东西，你的身上和心灵一定越来越沉重，快乐就真的离你而去了，因此要学会知足常乐，保持一颗平常心。少一点欲望，就会多一些快乐。仔细想一想，即便你左手财富，右手地位，可是繁华终归会落尽，那时留在心中的必将是失落与迷惘。

知足，是一种心灵的豁达，是一种处世的智慧。人生的许多东西是多余的，得到你该要的、该有的就够了，剩下的，你应该忘掉。

心灵悄悄话

贪欲是给人带来无限痛苦的地狱，它耗尽了人的精力，可并没有给人带来满足，过分的贪欲损人也不利己。知足者常乐，不知足者则一天也不会快乐。我们要学会知足，与其为达不到那些无穷无尽的欲望而痛苦不已，不如调整自己的心态，做个容易满足的快乐人。

得失本常事，何苦自扰之

何为患得患失？患得患失就是一味地担心得失，斤斤计较个人的得失。患得患失是人生的精神枷锁，是附在人身上的阴影，是浮躁的一个重要表现形式。

许多人在开始创业时，虽然艰难，可下决心、做决定时很痛快，不会想那么多。但是当他有了一些成就之后，就变得犹豫不决、患得患失了。因为他以前囊中无物，当然无所谓得失，现在有一些基础了，就害怕失去这个失去那个。人在害怕失去的同时，又期望什么都得到，想要这个，想要那个，所以才痛苦。

从前有一位神射手，名叫后羿。他练就了一身百步穿杨的好本领，立射、跪射、骑射样样精通，而且箭箭都射中靶心，几乎从来没有失过手。人们争相传颂他高超的射技，对他非常敬佩。

夏王也从侍从的嘴里听说了这位神射手的本领，也目睹过后羿的表演，十分欣赏他的功夫。有一天，夏王想把后羿召入宫中来，单独给他一个人演习一番，好尽情领略他那炉火纯青的射技。

于是，夏王命人把后羿找来，带他到御花园里找了个开阔地带，叫人拿来了一块一尺见方、靶心直径大约一寸的兽皮箭靶，用手指着说："今天请先生来，是想请你展示一下您精湛的本领，这个箭靶就是你的目标。为了使这次表演不至于因为没有竞争而沉闷乏味，我来给你定个赏罚规则：如果射中了的话，我就赏赐给你黄金万两，如果射不中，那就要削减你一千户的封地。现在请先生开始吧。"

后羿听了夏王的话，一言不发，面色变得凝重起来。他慢慢走到离箭靶一百步的地方，脚步显得相当沉重。然后，后羿取出一支箭搭上弓弦，摆好姿势拉开弓开始瞄准。

想到自己这一箭出去可能发生的结果，一向镇定的后羿呼吸变得急促起来，拉弓的手也微微发抖，瞄了几次都没有把箭射出去。后羿终于下定决心松开了弦，箭应声而出，"啪"地一下钉在离靶心足有几寸远的地方。后羿脸色一下子白了，他再次弯弓搭箭，精神却更加不集中了，射出的箭也偏得更加离谱。

后羿收拾弓箭，勉强赔笑向夏王告辞，悻悻地离开了王宫。夏王在失望的同时掩饰不住心中的疑惑，就问手下道："这个神箭手后羿平时射起箭来百发百中，为什么今天跟他定下了赏罚规则，他就大失水准了呢？"

手下解释说："后羿平日射箭，不过是一般练习，在一颗平常心之下，水平自然可以正常发挥。可是今天他射出的成绩直接关系到他的切身利益，叫他怎能静下心来充分施展技术呢？看来一个人只有真正把赏罚置之度外，才能成为当之无愧的神箭手啊！"

患得患失、过分计较自己的利益将会成为我们获得成功的大碍。我们应当从后羿身上吸取教训，面临任何情况时都应尽量保持平常心。

在猎人中流传着一种抓猴子的方法：他们在岩石上凿一个口很小的洞，里面放上猴子爱吃的花生，猴子把手伸进去，抓了满满一把花生，但怎么也拿不出来，还舍不得放弃那么多的花生，这时猎人轻而易举就可以把猴子抓住了。

生活中，我们都会遇到与猴子同样的问题，所以，应该理智一些，考虑好自己的真正需求，想好该要什么，又该放弃什么。如果你

想什么都要，最后你什么都得不到。当然，遇到机会时我们也理应果断一些，当机立断。如果你考虑的时间太多，过分犹豫不决，你又会贻误许多机会，别人也会认为你缺乏个性。

心灵悄悄话

患得患失，是很多人痛苦的根源。有得必有失，有失必有得。得失是人生常态，人生本就是一个得失的过程，无论做什么事情，都有得失相伴。因此，我们不必因为得到而欣喜若狂，也没有必要因为失去而痛苦难当。

不要把贪婪当成追求的目标

一个人如果失去了追求，他的人生就会在庸庸碌碌中一点一点地变得苍白。失去了追求，生命也将在世俗的洪流中一点一点地耗尽。人生的追求过程，就是一个人实现人生价值的过程，成功向来只垂青于那些执着追求、不断进取的人。

如果不是不停进取，就不会有世界华人第一富翁李嘉诚；如果不是把别人喝咖啡的时间都用在写作上，鲁迅就没有那么多的好文章传世。可是人的能力有大有小，如果刻意地追求某些不属于自己的东西，就会引发一些不愉快的事情，甚至还会导致恶性循环，于是有的人在不断地追求中形成了贪得无厌的心理定式。所谓"欲壑难填"，就是一种病态心理，一般谓之"贪婪心理"。

贪婪并非天生的，而是一个人在社会环境中受不良因素的影响，逐渐形成自私、攫取、不满足的心理。贪婪心理的成因有一定的客观和主观原因：

1. 客观原因

（1）社会病态文化

中国古代就有"人无横财不富，马无夜草不肥""饿死胆小的，撑死胆大的"的说法，片面鼓励了捞取不义之财的行为。这使得当今社会很多人也受这种观点影响，养成了贪婪又想不劳而获的心理。

（2）社会制度不健全

贪婪之徒之所以能够实现其企图，就是钻了制度的空子。法律、规章的不健全为某些人提供了"行之有效"的发财"捷径"，刺激了

他们贪婪的神经。

2. 主观原因

（1）错误的价值观念

贪婪之人有非常极端的个人主义思想，他们认为社会是为自己而存在，天下之物都是自己的。他们一旦有了金钱，就开始想拥有房子，有了房子，又想得到权力，从来不知满足。

（2）贪婪的结果强化贪婪之心

贪婪的人并不是无所畏惧，他们第一次伸出黑手时，也感到害怕，担心引起公愤，担心受到制裁。但是一旦得手，尝到甜头后，他们的胆子就越来越大。渐渐地，他们无法收手，而且每一次的侥幸过关，都不断强化着他们的贪婪心理。

（3）攀比心理

很多人原本也是规规矩矩、老实本分的人，但是看到自己身边的人一个个都发了财，他们的心里感到不平衡，并产生了攀比心理，就想超过那些人，他们觉得靠"捷径"比循规蹈矩来得快，由此也学着伸出了贪婪的双手。

（4）补偿心理

有的人由于家境贫寒，或经历过一些坎坷和挫折，就觉得社会对自己不公平。一旦自己的地位、身份得到一定的提高以后，这种人就会利用手中的权力，为自己索取不义之财，以补偿以往的损失。现在有很多人把财富看得过重，财富的得失让他们大喜大悲，为了追求财富，他们甚至不惜付出生命。他们一味地钻入钱眼里，成了金钱的奴隶，永远会不停地伸出手去巧取豪夺，为了满足其聚敛之欲，他们甚至于不惜触犯法律，伤天害理。他们忽略了友情、亲情、爱情甚至生活，他们的人生被金钱锁住了自由，亲手把自己埋葬在金钱的坟墓里。

一个男人已经50岁了，自小家境贫寒，曾下过乡，吃过很多苦，

后来返城以后，在一个小工厂当出纳。每天经他的手入账出账的现金少则几百，多则成千上万元，开始他从来不敢乱动一分一厘。但每次他一听到别人挣了钱，发了财，心里就很不舒服。特别是看到厂子里有的领导经常拿公款白吃白喝，还动不动就把工厂的东西往自己家里拿，他的心里就更不是滋味。经过一番激烈的思想斗争，他准备"铤而走险"，开始利用职务之便做一些"化公为私"的事。于是他的心开始受到折磨，既想拿东西，又感到非常害怕，不拿东西，心里又觉得难以满足，患上了贪心不足的心理疾病。

就这样，他又贪心又怕事，整天把自己搞得心神不宁，万般无奈之下，只好向心理医生求助。

其实治疗贪心并不难，首先要明白贪心的坏处，只要对贪心产生厌恶感，就容易改变贪心的心理了。可以通过自我调适来克服贪心，具体方法如下：

1. 格言自警

贪婪之人一直都是被人们鄙视的，古往今来，那些谋取不义之财的贪婪之人，不仅可能会受到法律的制裁、道德的谴责，还会被仁人贤士、文人墨客撰文作诗做无情地鞭挞和辛辣地讽刺。牢记这些诗文和格言，时常警诫自己，对消除贪婪心理很有帮助。

2. 自我反思

拿出一张纸，写下几十个自己想要的东西或想要达到的目标，写的时候不要做过多思考，想到什么写什么。然后，再对纸上的目标逐一进行分析，就知道合理的欲望和过分的欲望之分，也就能明确自己贪婪的对象与范围，再深入分析造成自己贪婪心理的原因与危害。了解自己是出于攀比、补偿和侥幸心理而起了贪婪之心，还是因为缺乏正确的人生观和价值观。进行这一番反思分析后，再痛下决心，改掉贪婪的恶习。

3. 知足常乐

自愈

调适贪婪心理的最好办法就是要"知足"，对自己的目前境况感到知足，就不会有非分之想，"知足"就会感到"常乐"，也就能保持心理平衡，不会产生贪婪的心理了。

心灵悄悄话

贪婪是一种不良的道德品质，而人们在面对利益诱惑时往往会表现出贪婪的本性，这样下去只会毁了自己的大好前程。所以，我们需要格外留意贪婪的侵蚀，以免让它蚕食你平实而快乐的生活。

诱惑就是地狱门前的广告

在如今这个五光十色的社会中，权力、金钱、美色如同一把把利剑高悬于我们的头上，我们在动心的同时，也要警告自己那是有风险的。

因此，在诱惑面前应该适可而止，减少一点欲望，才不会葬送自己。

一天，鱼爸爸问小鱼们："如果看到鱼钩上挂着一条又肥又嫩、肉质鲜美的蚯蚓，你们会怎么办呢？"

小鱼们听了都绞尽脑汁地想办法，都想既能吃到美食又不至于丢掉性命。到底有没有两全其美的办法呢？

小鱼 A 说："我会咬住蚯蚓的一端，使劲猛扯一下，把蚯蚓从钓钩上撕扯下来。"

小鱼 B 摆着尾巴，得意扬扬地说："我会小心地躲开钩，慢慢吞食蚯蚓。"

小鱼 C 说： "我会猛地吞掉钓钩上的美食，然后快速将钩吐出来。"

鱼爸爸听完赶忙摇头，将它们的答案全部否定了，它意味深长地说："孩子们，不要和诱惑较劲啊，不要总想怎样吃掉美食，而应该离它越远越好。"

与此故事所阐述的道理相同，某大公司准备高薪聘请一名小车司机。经过层层筛选，只剩下 3 名技术最优良的竞争者。

主考者问他们："如果悬崖边上有块金子，你们开车去拿，觉得能距离悬崖多近而又不至于掉落呢?"

"两米。"第一位应聘者说。

"半米。"第二位自信十足地说。

第三位应聘者说："我会尽量远离悬崖，愈远愈好。"

结果第三位应聘者被公司录用了。

现实生活中，到处都有诱惑，很多人为了满足欲望，经不住诱惑而以身试法，以至于落得失去自由或丢掉性命的下场。

比如，有些高官因贪污而纷纷落马，有些会计人员为了得到好处，公然给公司做假账，企图偷税漏税。

还有些道德败坏的人，为了金钱，偷窃、抢劫，扰乱社会秩序，也葬送了自己的人生。

诱惑是一个打扮得花枝招展、性感妖娆的美女，表面上看起来美若天仙，殊不知，她通常是笑里藏刀，内心在打你的坏主意。如果你没有足够的克制力，抵不住诱惑而被勾引，那么结果你很可能会遇到麻烦。

有这样一则故事：有个人即将离开人世，不知道死了之后去天堂好，还是去地狱好。

于是他买了贵重的礼物去看望阎王，想打听一下是天堂好还是地狱好。

阎王见他诚意十足，就带他到天堂和地狱转了一圈，由他自己决定。

在地狱门口，他看到一群穿着比基尼泳衣的美女在海滩上嬉戏，十分迷人，他禁不住想入非非，热血沸腾。然而，在天堂中他看到的是一位神圣的不可侵犯的仙女，虽然漂亮，但是无法接近。经过思考，他决定去地狱。

过了一段日子，阎王在地狱碰到这个人，只见他正在受酷刑，痛苦万分，惨不忍睹。

阎王问："感觉如何？"那人答道："太苦了！早知道地狱是这样，我才不会来呢。"阎王说："你先前看到的美女是地狱门前的一幅广告画。"

确实，诱惑就是地狱门前的广告画，如果你没有理智，没有判断是非的能力，没有抵制诱惑的心态，很容易被美好的广告画诱骗。因此，学会抵制诱惑是走向成熟必须掌握的能力。

方法一：结果比较法

仿照那些成熟人的思维方式，让我们静下心来，花些时间分析一下：成功失败都是由因及果的，如果我们把心思放在正道上，即抵制诱惑，我们会获得什么，如果我们把心思放在诱惑上，我们会面临什么样的后果。

对比的时候不妨列出一个表，这样有助于让你清晰地认清抵制诱惑的好处。

方法二：强者刺激法

这种方法需要你选定几个成功的人，比如，比尔·盖茨，戴尔·卡耐基等。了解一下他们在诱惑面前的处事方法，学习他们经营人生的方式，从中提炼出智慧的点，写在纸上，挂在墙上，每天加强意识，刺激自己做正确的事。长此以往，你就会在不知不觉中学会抵制诱惑，坚定信仰。

方法三：不与无所事事的人交往

多与成功人士、优秀人士和比你强的竞争对手交往。这个效果比把他们的智慧挂在墙上更有效，因为与他们交往的同时，你相当于在看这些人做亲身示范，不但激励你自制，还能教你怎么自制。他能让你学到好习惯，同时避免坏习惯表现出来，并且你会发现跟他们相处还能学到很多知识，掌握很多信息，会很快乐。

自怨

诱惑用它美丽的外表伪装着真实的一切，侵蚀着你的免疫力，让你一步步地靠近地狱。当今社会，到处充斥着诱惑，我们要想活得淡定、从容、快乐，就应该经得起诱惑，以自己定义的方式享受生活，只有这样我们才能在前进的路上保持航向，不会偏离由你设定的快乐和幸福的轨迹。

心灵悄悄话

漫长的人生旅途中，人们总会遇到各种各样的琐事，这个时候你不妨糊涂面对、假装不知，或做些模棱两可的姿态，时间将化解一切。这种"睁一只眼，闭一只眼"的生活态度是人生的最高境界。

知足就能够快乐

作家毕淑敏曾说过："幸福是一种心灵的感觉，是不可以通过指标数据去量化的。"我们开心的程度，跟钱财的多少是不成比例的。有的人家财万贯，但每天还是忧心忡忡；有的人并不富裕，但对生活充满了乐观自信，所以笑容时常挂在脸上。

知足才常乐，所以为人处世一定要懂得满足，切忌贪婪。须知，并不是所有东西都越多越好，人的心应该有个"度"。缩减自己的欲望，才能脱离苦难，获得长久的生命力。

快乐是什么？快乐就是饥饿时的一块面包，是口渴时的一杯白开水。快乐是精神上的满足，那些无形的财富比有形的宝藏更能让人得到快乐。有资料表明：21 世纪初期的美国人，收入比 20 世纪 60 年代增加了两倍，但感觉幸福的人的比例却下降了六个百分点。所以，财富并不能决定你开心与否，有时甚至还会成为人的心理负担。

由此可见，快乐并不是拥有更多的物质享受，而是懂得享受已经拥有的一切。否则，即使我们拥有金山银山也难以有快乐可言。

从前有个国王，他拥有广阔的领土、无尽的财富，却整天都处在烦恼之中，几乎忘记了怎样去笑。烦恼的国王命令他的大臣们去寻找世上最快乐的人，解开快乐之谜，让他也能重获快乐，于是大臣们走向四面八方，寻找快乐。

大臣们都是身居高位的官员，拥有令人美慕的地位，但他们互相讨论过后，发现没有人觉得做大臣很快乐：整天和公务打交道，为国

王提出的各种要求而疲于奔命。

大臣们去访问了工人，工人们整天早出晚归，做着辛苦的工作，酬劳却不尽人意，脸上都是疲惫的神色，同样也不快乐。

整天在田野中劳作的农民也同样有太多的烦恼，辛辛苦苦劳作，还要担心变化无常的天气，地里的收成也不能全归自己。

最后，大臣们重新聚集起来，经过总结，他们一致认为：世界上没有活得快乐的人。

就在他们回王宫的路上，看到了一个牧羊人，他穿着破旧的衣服，驱赶着羊群，嘴里却哼着轻快的调子，一脸快乐的表情。

大臣们从没看到过哪个人像这个贫穷的牧羊人一样快乐，他们将牧羊人带到了国王的面前。

国王问牧羊人："我的子民，你快乐吗？"

牧羊人笑眯眯地说："我很快乐啊。"

国王激动地问他："快告诉我，你为什么会这么快乐？你拥有这世上最珍贵的财宝吗？你不必像我们这样日夜操劳就能享受生活吗？"

牧羊人说："不，陛下，我没有什么贵重的财宝，我需要工作来养活家人。"

国王很吃惊："那么你能不能告诉我，到底是什么使你的日子过得如此开心？而我，身为国王，却整天忧心忡忡，烦恼不断？"

牧羊人笑着说："我不知道您为什么烦恼，陛下，但我能够告诉您我为什么这样快乐。我身体健康，家人平安。我爱我的妻子儿女，爱我的亲朋好友，他们也同样爱我。我在美丽的草原上放牧，自食其力，不欠任何人的钱。这些就是我快乐的根源。"

国王喊道："幸运的人！你这顶破旧的草帽比我这顶镶满珠宝的王冠更有价值。你的草原给你带来的快乐要比我的王国给我带来的还多。如果人们都像你一样快乐，这个世界该是多么美好啊！"

牧羊人回答说："哦，陛下，这不是个难题，因为人总是想有多少快乐就有多少快乐，想要多快乐就能多快乐的。"

国王沉思了一会儿，绽开了笑容："你说得对，拥有得多不一定就是好的，拥有得越多，就越觉得不够，烦恼也就越多，而知足就能够快乐。"

国王让大臣们将这个道理写在书上，流传下去："活在世上本来就是一件值得高兴的事情，人们所有的痛苦和不快都是由其内心产生的。"

决定你是否快乐的并不是钱的数量，而是你内心的想法。快乐其实可以很简单。身体健康，亲人平安，生活稳定，能够自食其力，家人朋友之间相亲相爱……最平凡的事物中包含着最温暖的幸福。

心灵悄悄话

知足是快乐的基本。只要知足，就会好好珍惜现在拥有的一切，就不会去强求那些令自己不开心的东西。快乐其实就是一种期盼、一种感受，她无时无刻不在我们身边，只是我们没有去发现她、展示她。贪婪之人永远与快乐无缘。只有那些容易满足、懂得知足的人才更容易找到快乐、得到幸福。

清心寡欲，索取有度

同样是花草，有的花草几日无人照料便会枯萎，可仙人掌却不是这样，即便无人照顾，它也能顽强地生存。有人说仙人掌生命力顽强，其实，与其说是生命力顽强，倒不如说是所求不多。人也是这样，如果我们能像仙人掌那样所求不多，何愁不能活得天高海阔大道坦然呢？可是现代人更多的还是不知满足，过分贪婪。

汤玛斯·富勒说："满足不在于多加燃料，而在于减少火苗；不在于积累财富，而在于减少欲念。"

当欲望产生时，再大的胃口都无法填满，贪多的结果只会带来无穷尽的烦恼和麻烦。

贪婪是一种顽疾，人们极易成为它的奴隶。一个贪求厚利、毫不知足的人，等于是在愚弄自己，希望什么都能够得到，岂料到头来却失去一切。

生活贵在平衡，每一个环节都很重要，不能稍有偏废。如果过分贪婪，把握不住必要的尺度，就很容易受到伤害。有一则寓言也从另一个角度阐释了同样的道理：

从前有个特别爱财的国王，一天，他跟神说："请教给我点金术，让我伸手所能摸到的都变成金子，我要使我的王宫到处都金碧辉煌。"

神说："好吧。"

于是，第二天，国王刚一起床，他伸手摸到的衣服就变成了金子，他高兴得不得了，然后他吃早餐，伸手摸到的牛奶也变成了金

子，摸到的面包也变成了金子，他这时觉得有点不舒服了，因为他吃不成早餐，得饿肚子了。他每天上午都要去王宫里的大花园散步，当他走进花园时，他看到一朵红玫瑰开放得非常娇艳，情不自禁地上前抚摸了一下，玫瑰立刻也变成了金子，他感到有点遗憾。这一天里，他只要一伸手，所触摸的任何物品全部变成金子，后来，他越来越恐惧，吓得不敢伸手了，他已经饿了一天了。到了晚上，他最喜欢的小女儿来拜见他，他拼命地喊着不让女儿过来，可是天真活泼的女儿仍然像往常一样径直跑到父亲身边伸出双臂来拥抱他，结果女儿变成了一尊金像。

这时国王大哭起来，他再也不想要这个点金术了，他跑到神那里，跟神祈求："神啊，请宽恕我吧，我再也不贪恋金子了，请把我心爱的女儿还给我吧！"

神说："那好吧，你去河里把你的手洗干净。"

国王马上到河边拼命地搓洗双手，然后赶快跑去拥抱女儿，女儿变回了天真活泼的模样。

追求可以成为一种快乐，欲望却永远都只是生命沉重的负荷。

我们常常感到活得很累，其实只是因为我们所求的太多。我们总希望拥有得越多越好，爬得越高越好，不断地索取，心灵自然无法得到休息。

人要生存，必须有物质作基础，但物质的索取必须有一个度。物质可以无限制地增加，但是你却未必都能享受，家有万贯，别人每餐吃一碗，你未必能吃十碗，别人晚上躺一张床，你未必能躺十张床。

为什么不换一种活法呢？抛弃欲望的重负，轻松愉悦地享受人生那该多好啊。当生命走到尽头时，回首往昔，如果头脑中只剩下金光银影，却没有美好欢愉，生命岂不毫无色彩可言？

因此，我们要学会知足，减少对金钱的渴望，才不至成为金钱的奴隶；减少对名利的渴望，才不至为了追名逐利而终日蝇营狗苟。当

然，寡欲不是要人们放弃一切正常的追求，而是让人追求恰当的欲望，索取有度才有快乐感与成就感。

所以，让自己活得轻松一些吧，"清心寡欲，无所需求"，你的人生便不再"累"了。

心灵悄悄话

当今社会，物质生活越来越丰盈，但是人们的内心世界却越来越虚无，越来越茫然，人们的快乐也越来越少了。这是为什么呢？原因之一就是太贪婪，追求得太多，导致身心的疲乏。要知道快乐与物质的多少是不成正比的。

适当的留白也是一种美

如果我们留心就不难发现，许多书画大师在宣纸上题字作画时，都只习惯留下寥寥数笔，在笔墨的空白处都蕴含着怡人的美感。他们将这种手法称之为"留白"，认为写字作画的妙处不在于留墨，而在于写白。

这种空白之处，不是一片虚无，而是实处的延续和衬托。如果没有空白的衬托，也就看不到线条的灵动和变化之美。书法大师往往都是留白大师，方寸之地亦显天地之宽。

而我们很多在生活中打拼的人却习惯将生活充斥得满满当当，不留一点空隙，似乎这样才算是充实，才算是安心，才算是生活得有意义。

对于生活中所出现的缺憾更是不能容忍，一有令自己感到不完美的地方，便压力剧增、惶恐不安。

其实，适当的缺憾和留白也是一种美，只是我们常常会在专心赶路的时候忽略它的价值。

有一个住在偏远山区的挑水工，每天以给富裕人家挑水来维持生计。他每天都是将两个水桶挂在扁担两头，然后在水源地和村子之间穿梭无数次。

这样日复一日、年复一年，两只水桶由崭新变得破烂不堪，终于有一天，挑水工发现其中的一只水桶裂开了一道小缝，而另外一个水桶却依旧完好。此后，每次挑水时，完好无缺的桶子总是能将满满的

一桶水从溪边运送到主顾的家中，但另外一只破裂的水桶却会剩下半桶水。为此，挑水工每天都得比原来多跑好几趟才能完成任务。

这样过了一段时间，虽然挑水工还是一如既往地哼着小曲行走在熟悉的路上，可那只破了的水桶却感到羞愧不已，觉得自己没有尽到职责而有愧于主人。

一天，当挑水工再一次像往常一样来到水源处打水时，那只裂了缝的桶终于开口了："主人，对不起，我必须向你道歉，因为我感到很惭愧。"

挑水工听后十分不解："为什么呢？你有什么好惭愧的？"

"你每天都那么辛苦地挑水，而我却不争气地裂了缝，害得你每次都只能送半桶水到主顾家，还要来来回回地多跑很多趟。这都是我的错啊！"破水桶更加羞愧了。

挑水工听后，拍了拍破水桶，笑了起来："这没什么，你之所以感到难过，是因为你没有留意你在路上所留下的成就。"

"成就？是什么？"

"走，这一趟你留意看一看我们走过的路，你就会知道了。"挑水工说着便将它们担在肩上起程了。

一路上，破水桶突然发现，在他们每天都必经的那条原本光秃秃的小路旁，不知何时竟然长出了许多美丽的野花。

"这些花好漂亮啊！"破水桶不禁赞叹道。

"对啊，可这正是你的功劳啊！你每回都漏出一些水，所以才浇灌出了这些美丽的花朵。而它们也让我的心情感到无比舒畅，所以我还得感谢你呢！"

人生很多时候就像是这只破水桶，难免会有一些缺陷或者瑕疵。只要不是关系重大的问题，你就没有必要为它而感到难过，或者费尽心思地去补救它。

当我们换一种欣赏的眼光去看待它时，或许就能看到这些缺憾背

后所浇灌出来的完美之花。

维纳斯之所以能够成为卢浮宫的镇馆之宝，除了因她安详而又动人的面容，还因为断臂之"痛"，这不但丝毫无损于她的诗意与美感，反而给人们增添了更多猜测和想象的空间。

身处尘世，我们往往被眼前的得失、功利和欲望蒙蔽驱使，工于算计，疲于劳碌，不懂得给生活留下一段能够缓解身心或者谅解不愉快的空白，不明白"知足不辱，知止不殆，可以长久"的道理，以致没有得到更多，反而丢失了原本应有的快乐。

很多相爱的男女之所以会分手，并不是因为不相爱，而是因为太爱对方。由于这种过于极致的爱恋，对对方采取各种严守紧盯的战术，几乎是寸步不离、处处关心，但最终却得到了分手的结局。他们不懂得给对方的生活和感情留白，抹杀了彼此之间的安全距离，才会弄得自己疲惫不堪的同时也没有得到想要的结果。

所谓"物极必反，月盈则亏，水满则溢"，自然界如此，人类社会亦然。无论是爱情还是生活，我们的痛苦往往都源于过高的追求和过于紧密的关系。

我们在要求和严防死守中丢失了爱人，也会在同样的状态下丢失工作之外的欢愉。那么，何不把空间都放宽一些？允许生活有空白，也学会去为生活创造空白。

水墨留白，更彰显磅礴的气魄。而人生正如一张宣纸，心灵上的留白，可以让人更加豁达充盈；生命中的留白，则让自己有了足够的缓冲余地。

"人有悲欢离合，月有阴晴圆缺"引发诗人无限感慨；春天给鲜花留下了空白，让鲜花争奇斗艳，竞相开放；黑夜给星星留下了空白，让星星灿烂耀眼，点缀夜空；清泉给鱼儿留下空白，让鱼儿游来游去，惬意快乐……常留一点空白，事物会因此而更加美好。

所以，学会给生活留白吧！这是一种聪慧优雅的人生境界，也是善待自己、珍惜人生、享受生命的体现。

自勉

不要把话说得太满，不要把事做得太绝，不要追求无止的欲望，更不要贪图所谓的完美赞赏。这样才能张弛有度，游刃有余地享受雅致简约的生活。

心灵悄悄话

空白是智者的思索，让思维更加活跃，让思绪飞翔，飞向那深邃的蓝天，去探索人生的真理，生命的奥秘。生活中，我们也要学会适当留白，以成就不平凡的人生，展现出生命的光彩！

第五篇 >>>

告诉自己说"我能"

　　有句话说:"天下无人不自卑。无论圣人贤士,富豪王者,抑或贫农寒士,贩夫走卒,在孩提时代的潜意识里,都是充满自卑感的。"但你若想成大事,就必须战胜自卑感,将自卑变为发奋的动力。其实,自卑本身并没有坏处。对我们有伤害的是我们感到自卑是采取的错误的方式。调整好心态,勇于直面自己的不足。真的勇士敢于直面自己的缺点与瑕疵;真的智者乐于解决自己的缺点与瑕疵,而真的成功者善于发现自己的缺点与瑕疵。让我们都来做勇士、智者与成功者吧!

大人物也有自卑的时候

信心是相对弱者的自豪，自卑是相对强者的悲哀。强者不可能处处都胜人一筹，弱者也并非一无是处，所以，大人物也有他的软肋，小人物也有他的骄傲。

有自卑感的人，无一例外地会为了取得优越地位而加深自己的错误。"我不如别人"就是他犯错误的前提。众所周知的美国总统尼克松，便是一个典型的例子。

尼克松是一位我们非常熟悉的美国总统，是他首次打破中美关系的坚冰，来华访问，开启了中美友好外交关系的新纪元。但就是这样一个大人物，却因为自卑，对自己作出了错误的估计，对对手干出了荒唐的事情，结果毁掉了自己的大好政治前程。

1972 年，尼克松竞选连任。由于他在第一任期内政绩突出，大多数政治评论家都看好尼克松，预测他将以绝对优势打败竞争者，再任美国总统。

然而，尼克松本人却缺乏信心，尚未走出以往几次失败的心理阴影，极度担心自己会名落孙山。在这种潜意识的驱使下，他鬼使神差地干出了令其后悔终生的蠢事。他指派手下的人潜入竞选对手总部的水门饭店，在对手的办公室里安装了窃听器。事发之后，他又连连阻止调查，推卸责任。虽然赢得了总统选举，可不久便因这次"水门事件"而被迫辞职。本来稳操胜券的尼克松，因缺乏信心而败走麦城。

朱元璋是明朝的开创者，他出身贫寒，讨过饭，当过小和尚。一

方面，是他无比的信心、谋略和勇气，使他成为一代开国皇帝；另一方面，出身的卑微，使他内心深处总是暗中纠结着深深的自卑。

身为一代开国帝王，朱元璋必定有成功有信心的一面：

朱元璋当皇帝后，多次微服出巡。有一次，他出巡回来，到金陵郊外一个渡口等船渡江，正遇上一群来金陵参加进士考试的举子也在候船。

这里的风景十分壮丽，万里长江滚滚东流，苍茫的钟山似龙盘虎踞，偌大的采石矶屹立于江岸。一个年轻举子凝视着眼前的景色，脱口吟道："采石矶兮一秤砣……"

举子们一听，都觉气度不凡，齐声叫好。

朱元璋听后却冷笑一声道："气魄倒是很大，但恐怕后难为继啊！"

大家听了以后一想，不错，偌大一座采石矶仅仅是一个秤砣，那么，秤杆、秤钩又是什么呢？纵使有了这么大的秤，又去称什么呢？……大家面面相觑，不知如何是好。那个吟诗的举子也一时语塞，吟不出下句了。

朱元璋见状笑道："且待我试续一下。"说完，便高声朗诵起来：

采石矶兮一秤砣，

长虹作杆又如何？

天边弯月是钩挂，

称我江山有几多。

此诗一出，举子们一个个目瞪口呆，吓得不敢问这位先生是何许人也。

然而即使是这高高在上的帝王，也有他自卑的一面：

为了显示出身的高贵，曾想与宋代大理学家朱熹扯上血缘关系，但因实在是南辕北辙，最终只好作罢。

眼前见不得"光""秃""僧""乞丐"等字，耳里也听不得别人说到这些字，同音都不行，否则，就有杀身之祸。所以，在出身方面，他也不比鲁迅先生笔下的阿Q自信多少。

可见，没有自卑的信心不是真正的信心。信心者的自卑是建立在全面认识自己的基础之上的，是明白人的自卑。如果一个人毫无自卑，这样的信心不是真正的信心，而是糊涂人的自大，是狂妄者的自负。真正的信心是有自卑垫底的，也正是自卑充实着信心。是自卑撑起了信心，也是自卑引发了成功。

正是有了自卑，你才发现自己的不足，才有了生活的目标。有了目标的生活是明亮的，令人快乐的，因此自卑点亮了生活的希望之烛，指明了前进的方向。

自卑又是人们冲向成功的发动机。古人说："知耻而后勇。"我们在迈向成功的时候，也往往是由于自己在某方面的不足而产生的要超过别人、弥补自己的信念。有了这个信念，我们在困难中才会义无反顾，在失败中才会昂首向前。到达成功的顶峰之后回首往事，人们才发现自己的毅力竟是由自卑引起的——正是自卑的穿针引线，才织出了我们绚烂多彩的生活图景。自卑有时会压垮一个人，因为他觉得自己一无是处。但更多的时候，它是人们不断完善自己的法宝。因此我们在学习、生活中绝不能被自卑打败，而要驾驭它，让它为我们服务。

法国曾有过这样一个军人，他拥有比别人更多的理由去自卑：论个头，先天不足；论体质，瘦小屏弱；论智力，并不出众；论家产，一贫如洗。没有英俊的外貌，也没有雄辩的口才，只有一颗因自卑而自尊自傲的心。这样一个无论在政界或是在军界都很难出类拔萃的人，却取得了非凡的成功。这个人是谁？请记住，在他求学的时候，曾被人叫作"穷小子拿破仑"。

自卑能促使人正视自己并奋进，亦能使人灰心绝望而止步不前。

自怨

"自卑"源于内心的不满，源于对自己的怀疑。有信心者的自卑是对自身缺点与不足的睿智思考，自卑是前进的动力，因自卑而有所作为。有了自卑，证明我们已看到了自身的不足，这是难得的。

真正的有信心者必是有勇气正视自己的人，而这样的信心又往往与对自己的怀疑和不满有着内在的联系。事实上，几乎所有的天才都并非只有信心的人，相反倒是有几分自卑，他们知道自己的弱点，为这弱点而苦恼，又不肯毁于弱点，于是奋起自强，有了令人吃惊的成功。

正如周国平先生所说："我相信，天才骨子里大都有一点自卑，成功的强者内心深处往往埋着一段屈辱的历史。"

因为我们都发现自己所处的地位是我们希望加以改进的。如果我们一直保持着我们的勇气，我们就能以直接实际而完美的唯一方法改善环境，来使我们脱离掉这种感觉。鸟必须不断扑腾翅膀来高飞，鲨鱼必须不停游动保持生命——没有人能长期地忍受自卑之感，它一定会使他采取某种行动来解除自己的紧张状态。

"自卑"，终结于必胜的信念，终结于不懈地努力。

心灵悄悄话

其实，我们每个人都有不同程度的自卑感，我们每一个人都是既自信又自卑的，因为，世界上没有一个人是完美无缺的，优点加上缺点才构成了一个完整的真实的人生。一个充分认识自己的人不可能不发现自己的缺点、弱点，拿这些与别人相比，自然会自惭形秽，自叹弗如，自卑之情油然而生。

告诉自己：我拥有信心

"一个人能飞多高，并非由人的其他因素决定，而是受他自己的信念所制约。"这里说到的信念归根结底也就是信心。在你想做一件事之前，你拥有了信心，也就等于成功了一半。

什么是信心？信心是一种思想，一种内在潜意识，是对自己的肯定。口吃患者缺乏信心，或没有信心，甚至有自卑感，觉着自己讲话不如别人，别人哪样都好，而自己却一无是处。

这些人的生活是痛苦的，他们用消极的心态应对生活，整天处于悲痛、失落之中，在众人面前抬不起头来。他们很少或从不参加集体活动，性格内向，不善言谈。因为他们没有勇气面对困难挫折，认为别人都比自己强，所以在社会竞争中没有机会，即使有了机会，也屡遭失败。

难道这些人能力差吗？不！他们的智力并不比别人低，有的人某些方面的表现甚至很卓越。就是因为自卑，缺乏信心，使他们的聪明才智得不到正常的发挥，以致影响了自己的前程！

生活中，做任何事情都有技巧和方法，否则，你可能花费几倍的努力，也达不到理想的效果。为什么有些人貌不出众，然而他们风度翩翩，在人们面前总显出一种非凡的气质，表现出无处不在的信心呢？

这里就谈到了拥有信心的方法和技巧。俗话说："金无足赤，人无完人。"世界上没有完美的事，也没有完美的人，人人都有缺陷、都有不足，做人重要的是扬长避短，挣脱"短处"的锁链，摆脱它对

133

心理的控制，让全身心获得一种自由而走向生活。

在你感到自卑，缺乏信心的时候，你应该平静你的心态，学会仔细观察，只要你善于运用自己明亮的眼睛，你会不难发现周围你认为最完美的人其实也有缺点和短处，或许这些缺点和短处正是你的长处。

例如：你若感觉自己的个子矮，你会常常羡慕那些个高的人，但是你可能相貌很好，你的学习成绩、工作水平很高，或许你有一个美满的家庭，这些条件那个高的人不一定全具备，这就是你自身的闪光点。

众所周知，钱是很重要的东西，也是所有人都离不开的，人们都迫切希望拥有它。人们常常羡慕那些有钱人，向往出门轿车、家居豪宅的生活。所以在那些有钱人面前有些人感到自己不如别人，产生自卑感，为此而懊恼。

我们知道，很多有钱的人却不能拥有健康，他们被疾病困扰，痛苦不堪。钱虽好，但是买不来健康，健康对那些疾病痛苦中的人们是多么珍贵和美好。

而穷人没有钱，却拥有了那些有钱人非常想得到的健康，我们还有什么理由自卑呢？总之，拥有信心并不难，你只要平静心态，善于观察，你就会发现自己的长处和优点，用你的这些长处去比别人的短处，你就会拥有信心！

我们经过长期的总结和分析发现，一个人的脸皮状况与自我意识有非常明显的关系，一个人越是能意识到自己的长处和优点，其心理状态就越佳，脸皮抵御外界干扰、刺激的能力就越强，就越不会被失败和挫折吓倒、打倒。当别人不给自己面子，甚至有意让我们难堪、出丑时，我们依然能够用自我肯定的方式，即依靠我们的脸皮来实现心理上的平衡及精神上的解脱，脸皮此时也就发挥了无穷的威力。

疯狂英语创始者李阳，在兰州大学读书时英语考试时常不及格。

但到大学二年级时必须要过英语四级，否则就拿不到学位证书。

为此他独自一个人跑到陵园里大声读外语，不多时他发现英语进步很快。李阳开始了反省：原来由于自己脸皮薄，怕读不准外语，因而不敢开口，而越不敢开口就越读不准外语，从而形成了恶性循环；而现在进步快的原因就是因为自己独自一个人在陵园大声朗读而不怕别人指责。李阳意识到要想取得更大的进步和成就就得不怕丢脸，大胆朗读。

为此他开始走出陵园到大庭广众之下放声朗读。为了更好地锻炼自己的脸皮和胆量，他还穿些奇装异服，带上耳环。果然遭到了很多同学的白眼，甚至有人说他"自不量力，当众出丑，不知羞耻……"

但对于一个有理想有抱负的青年并没有因此而退缩、吓倒。因为他有自己坚定的目标，就是锻炼自己的胆量和脸皮以提高自己的水平。

结果李阳在英语四级考试中名列全校第二名。最终的成功是对那些嘲笑者的有力回击。同时别人的嘲笑也给了李阳锻炼自己的机会。现在李阳的名字已享誉海内外，他最终赢得了属于自己的真正的"面子"。

我们所说的脸皮厚正是心理健康，勇敢坚强，心胸开阔，充满信心，心理素质高的表现。它对我们发挥自身潜能，把握机遇，营造良好的人际关系以及更好地适应社会都有极为重要的作用，从而有利于我们积极地创造和实现人生价值。

现代的社会是竞争的社会，机遇对每个人来说是均等的，但它更青睐于那些善于把握它的人。我们周围的一些成功的人，他们的智力并不比我们高多少，但他们都比较善于把握和利用机会。而脸皮厚薄又决定了我们把握机会的多少。

脸皮薄者前怕狼后怕虎，怕丢脸，怕别人笑话，怕出丑，怕失败，总是处于消极被动地位，很多本应该能抓住的机遇，结果与之擦

身而过，更谈不上成功。而那些脸皮厚者无所顾虑，坚定自己的目标，敢想敢做，敢做敢当，不怕出丑，不怕失败，因而他们获得的机会就多，成功的可能性也就越高。

失去金钱的人损失甚少；失去健康的人损失极多；失去勇气的人损失一切。许多天才因为缺乏勇气而在这个世界上消失。每天默默无闻的人们被送进坟墓，他们由于胆怯，从未尝试努力过，他们若能接受诱导而起步，就极有可能功成名就。过去不等于未来，一百个想法，不如一个行动。

心灵悄悄话

怎样拥有信心，就是不断丢脸、丢脸，直到丢得自己满不在乎了，你也许就成功了！人生最大的敌人就是我们自己，不战胜自己又何谈战胜别人？只要我们充满信心，坚定自己的目标，锲而不舍，坚持到底，就一定能够成功！

将自卑变为发奋的动力

　　无论是在生活还是工作中，都会有很多自卑的人。自卑的人在无心无力做一件有挑战性的事情时，常用的借口是："唉，我能力太差！"这种人无法摆脱自卑的"纠缠"，也根本无法实现自己的理想。而要想成为做大事的人，首先要做的第一件事情就是拒绝与自卑纠缠，一脚把自卑踩得粉碎。我们可以称之为"战胜自卑法"。做不到这一点，即使你是一个天生能力很强的人，最终也会终身平庸。

　　有句话说："天下无人不自卑。无论圣人贤士，富豪王者，抑或贫农寒士，贩夫走卒，在孩提时代的潜意识里，都是充满自卑感的。"但你若想成大事，就必须战胜自卑感，将自卑变为发奋的动力。

　　其实，自卑本身并没有坏处。对我们有伤害的是我们感到自卑时采取的错误的方式。所以在生活或工作中，我们感到困难时，不一定每次都能采取正确的方法。但我们要积极地去面对、去解决。慢慢地，就养成一种主动解决问题的习惯。虽然，我们不能解决所有的问题，但解决的问题会越来越多，信心也就会越来越足。自卑就成了一对翅膀，一对能使我们飞向美好未来的翅膀。

　　精神分析者阿德勒在《超越自卑》一书中说："事实上，每一个人都是自卑的，只是程度不同而已。因为我们发现我们所处的现状都是可以进一步改善的。"所以说，在某种程度上，自卑是一个人进步的动力，人生之旅正是在不断地超越中战胜自卑而渐进佳境的。但过分持久的自卑感则易损伤心灵，造成心理疾患。

　　自卑的人总是感觉自己不如别人，低人一等，轻视、怀疑自己的

力量和能力，而这正是成大事者最蔑视的！

著名民营企业家罗忠福在少年时代曾为自己出身于资本家的家庭而自卑过。

罗忠福从中学时代起，就开始遭受被歧视、被批判的屈辱。读了半年大学，因为家庭成分问题而被当地卡住户口，就这样被迫退学了。

接着，在他20岁时，他的父亲又辞别了人世，母亲只好给人看孩子、洗衣服、挑煤以维持生活。母亲被迫干这种低贱的工作，使敏感的他深深感觉到人生的耻辱。

25岁时，他被分配到一家小工厂当合同工，"师傅"竟以成分讥笑他："会读书有什么用，还不是给我这个不会读书的人当学徒？"

命运的不公、屈辱和刻薄，使罗忠福内心产生了难以摆脱的自卑。一次，他在长江边徘徊，一待就是一天。当时，他真想往长江中一跳，以死来解脱这折磨人的"自卑"与屈辱。

也正是这个自卑得想死的年轻人，发愤寻找人生的新道路。他40岁时才从头开始，学习经商，不怕失败与挫折，顽强奋斗了十多年，终于成为亿万富翁，成为世界知名的中国民营企业家。

将自卑变为发奋的动力的故事，古今中外的知名人物中比比皆是。

法国伟大的启蒙思想家、文学家卢梭，曾为自己出身孤儿，从小流落街头而自卑；存在主义大师、作家萨特，2岁丧父，左眼斜视，右眼失明，失去亲情又身体残疾使他产生了极重的自卑；法国第一帝国皇帝、政治家、军事家拿破仑年轻时曾为自己的矮小和家庭的贫困而自卑；美国英雄总统林肯出身农庄，9岁丧母，只受过一年学校教育就下田劳动，他曾深深为自己的身世而自卑；日本著名企业家松下幸之助，4 岁家败，9 岁辍学谋生，11 岁亡父。自卑一直是他们前进的动力。正因为他们将自卑变为发奋的动力，他们才有了最后的成功。

受自卑心理折磨的你，请好好品味一下上述这些杰出人物的故事吧。诸如此类的例子还有很多，自卑被转化为发奋的动力后，便成了他们成功做事的本钱。那么，如何将自卑变为发奋的动力，克服自卑呢？

1. 承认自卑情绪人皆曾有之

实质上，一个人并非在每个方面都能出类拔萃，因为天外有天，人外有人。所以，在某些时候、某些方面都会有不如意的感觉，出现自卑也是正常的，大可不必以此为耻而自暴自弃，更犯不着用狂妄自大、目中无人去掩饰，那只是自欺欺人。

2. 正确地认识自卑感

有的人把自卑心理看作是一种有弊无利的不治之症，因而感到悲观绝望。这是一种不正确的认识，它不仅不利于消解自卑者，反而会加重自卑心理。其实，若克服了心理上的障碍，自己将更有前途。

3. 进行积极的自我暗示

心理学家默顿曾提出"预言自动实现"原则，认为人们具有一种自动促使预言实现的倾向。因此，当遇到信心不足时，不妨自己给自己壮壮胆，进行积极的自我暗示："我有能力干好这件事。""我一定会成功！""我有过人之处……"这样，一旦你怀着"豁出去"了的心理去

做这件事就有可能成功。相反，要是你对自己进行一种消极的自我暗示，诸如"我不如别人""我干不了""我是一个没有用的人……"就会抑制自信心，产生退缩、逃避行为，从而难以取得成功。

4. 正确认识自己，看到自己的长处

俗话说："尺有所短，寸有所长。""金无足赤，人无完人。"你不妨将自己的兴趣、嗜好、能力和特长全部列出来，哪怕是很细微的东西也不要忽略。然后再和其他同龄人做一比较。既比优点，也比缺点。与下比，看到自身的价值；跟上比，鞭策自己求进步。这样，就会得出"比上不足，比下有余"的结论。世上任何人都逃脱不了这个公式，明白了这一点，心理也就取得了平衡点。

看到长处是为了培养信心，但也必须承认自己身上存在的短处。同时，也要认识到凡人都不可能十全十美，人的价值主要体现在通过自己的努力，达到力所能及的目标，以及对自己的弱项和遭到失败能够持理智态度。既不自欺欺人，又不看得过于严重，而是以积极客观的态度应对现实。

对于导致自卑的因素，要积极地进行补偿。一是"笨鸟先飞，以勤补拙"，二是扬长避短。有些缺陷已成定局，如个子矮小、长相不好等。但是，可从别的方面进行补偿。个子矮小如拿破仑，他做了法兰西帝国的统帅；张海迪，坐在轮椅上，却大步地在事业的高峰上奔走，写了几百万字的作品……

5. 正确地对待挫折

人的一生中，难免会遭受挫折和打击，但每个人的承受能力不一样。性格外向的人过后即忘，性格内向的人容易陷入其中。这时就应当注意凡事不要期望过高，要善于自我满足，知足常乐。无论学习或

工作，目标不要定得太高太死，不然就容易受挫折。

只要改变心态，将自卑变为发奋的动力，就能走向成功。战胜自卑的心态，其实就是战胜一种丧失信心的自我。丧失信心通常可分为两种情形：一种是前面所说暂时的丧失信心，一种则是从小养成的根深蒂固的自卑感。自卑感并非无法克服，就怕你不去克服。纵观世上，许多成功者都是在克服了自卑后走向成功的。成功者能做到，我们同样也能做到。

心灵悄悄话

每个人或多或少都会有些自卑。轻微的自卑心理很容易超越，它可以很容易地升华为人的一种良好品格：谦虚谨慎，不骄不躁，从而转化为一种进取的动力。世界上许多成功人物之所以能做成大事，走的就是这条路。

敢于直面自己的缺点

俗话说："金无足赤，人无完人。"没有十全十美的人，每个人都会有这样或那样的缺点和不足。"爱美之心，人皆有之。"期待自己完美是普遍的心理，但有些事情是不能以我们的意志为转移的，我们必须正视它、善待它。

难道那些英雄、名人果真那么光彩夺目、无可挑剔吗？绝非如此，任何人都会有其优点和缺点两个方面。

美国大发明家爱迪生，有过 1000 多项发明，被誉为"发明大王"，但他在晚年却固执地反对交流输电，一味主张直流输电；电影艺术大师卓别林创造了生动而深刻的喜剧形象，但他却极力反对有声电影。

任何人都有缺点，只不过表现在不同的事情上而已。因而，人人在自我表现和与交际中都会有笨拙的表现。

有些人由于不能实事求是地对待自己的缺点，拿出勇气，去革新自己，突破自己，所以，他们情愿不做事、不讲话、不善于交际，也不愿意在别人面前暴露自己的弱点。如在灯火绚丽、乐曲悠扬的宴会厅里，他们很想站起来跳舞，可是怕别人笑话自己笨拙，宁愿做一晚上的看客。

曾担任过参议员助理的贝内特在申请参议院预算委员会主管一职时，在申请信中坦率地承认自己既没有经济学方面的学位，也没有预算事务方面的任何经验。

他解释道：预算委员会面临的最大挑战，并非雇佣到一批经济学家和数字专家，而是需要一个能在参议院内部寻求和培养支持者的主管，他本人正好是恰当的人选。

结果他如愿以偿地得到这份工作并表现出色。

几年之后，美国公用无线电台经过千挑万选，聘请他出任总裁。面对记者提问时，他承认自己在广播或新闻方面都没有什么背景，但电台早就已经拥有大量的专业人才，他本人则是一个精通预算管理，并能够在国会很好地发挥作用从而争取到足够财政资助的合适人选，所以他最适合做总裁。

谁也不可能做到十项全能，与人类现有的博大知识、经验、能力的汇集总和相比，任何伟大的天才都不及格。

一位经营者如果只能见人之所短处而不能见人之所长，从而刻意挑其短而不着眼于其长，这样的经营者本身就是弱者。

有些人，搞不清楚为什么要放弃完美，尽管追求完美而达不到理想的目标，但总可以促使自己有所改进和提高吧！我们要有所改进和提高，必须要通过一个重要的环节，就是学会自我接受、自我肯定。因而，我们只有敢于直面自己的缺点，才能树立起信心自爱的意识，才能真正地认识和确立自己的价值、选择和追求。

敢于正视自己的缺点并不是一件容易的事情。一来我们总是喜欢得到别人的肯定和赞许；二来常常不自觉会觉得"掩盖"自己的缺点可以有助于提升自己的形象和力量。

其实，只有当自己可以直面自己的缺点时，才可以更好地发现自己离那个"理想自己"的距离有多远，才可以更好地发挥自己的优势。

工作中，就是充分地从同事和老板对自己的评价中发现真正的不足，从而减少自己的缺点，或者找到在自己弱项方面是强项的形成团队和搭档，目的是为了更好地发挥优势。

自勉

生活中，要接纳自己身边的朋友和家人的缺点，不要苛求。接纳的态度说明对缺点认识的心态很好，而且具备这样的宽容心和同情心，对身边的人亦可以形成更多的感染，帮助他们一起进行更多的认识。

世间的万事万物都不是完美的，人也是。但能够直面自己的缺点或者将自己的缺点暴露给你熟知的人却需要极大的勇气。

很多时候，人们喜欢将自己的形象美化，尽量做到尽善尽美，尽量给人以美好的印象，这样的想法无可厚非，谁都希望获得人们的认可和欣赏，从而提升自己在他人心目中的威信和地位。然而，每个人的人生都可能要经历成长的磨砺，只有在缺点和错误被暴露之后才能够对事物有新的认识，才能对人生有新的顿悟，人们因此而变得成熟和深刻。

敢于直面自己的缺点是勇者的抉择。完美无缺虽说是可望而不可即的，可俗世之人哪一个不想触摸其边角，就算不能触摸到，能与其无限接近也是美好的。在如此之道德观念下，谁愿主动承认、暴露自己的缺点与不足呢？人们想到的是如何掩饰缺点，而不是解决它。而敢于直面自己缺点的人是真正的勇者，他们需要何等的勇气在世人面前将自己的缺点展现出来，又需要何等的勇气来面对世人不屑的目光。

中国台湾著名画家谢坤山面对失去一条腿一只手一只眼的身体不足，凭借莫大的勇气，不顾连上厕所都尴尬的局面，不顾没有任何画画基础的现实，终于在画布里搏出了精彩的人生，成为我们的楷模。他敢于正视自己的不足，靠的就是那份"我要养活我自己"的勇气。

敢于直面自己的缺点是挑战自我的很好证明。寸有所长，尺有所短。面对自己的"所短"，你必须挑战自己，克服心理障碍，扬己"所长"，这样，才能取长补短，才能变不利为有利，变坎坷为坦途。

当代作家史铁生，在 20 岁的时候突然双腿瘫痪，面对自己身体的严重不足，他感到过绝望，想到过死。但后来，他挑战了自我，抗

衡了消极心理，觉得死亡是一件不必急于求成的事，要好好活着。解放了被死亡奴役的心灵，发挥他爱好文学的特长，终于在文坛上树立了自己的地位。

可以说，如果没有正视自己的不足，没有在地坛的挑战自我，就没有他的功成名就。

连身体上的硬性缺陷尚可以战胜，难道说还有无法克服的什么软性缺点么？所以说，敢于直面自己的缺点是智者的闪光。智者们明白，缺点是无法掩盖的，缺点只有克服与完善。"纸包不住火"，缺点总有一天会被发现，与其被敌人发现，给你以致命的打击，不如自己发现，加以完善，做到无懈可击。隐藏在暗处的缺点像一颗时刻威胁你生命安全的定时炸弹，你不知它会什么时候爆炸，智者会先排斥其干扰，然后开始幸福生活。

不要一味地掩饰自己的缺点和不足，要知道"人无完人，金无足赤"的道理。人生在世，谁没有缺点、瑕疵呢？有了缺点并不可怕，重要的是对待缺点的态度，是自欺欺人的视而不见，加以掩盖，还是勇于面对，加以改正？"人非圣贤，孰能无过，知错能改，善莫大焉"。人应该敢于直面自己的缺点。

敢于直面自己的缺点是成功者必备的素质。知己知彼，百战百胜。一个人要想取得成功，必须首先了解自己，不仅要了解自己的优点，而且要了解自己的缺点。从某种意义上说，了解自己的缺点比了解自己的优点更为重要。

成功者善于发现自己的缺点并加以改正，使之不为自己拖后腿，甚至使缺点变为优点，为自己的最终获胜增添砝码，这正是成功者异于他人的一个重要原因。

适当地将自己的缺点展现出来，使得自己不断进行修正和调整；不足的可以弥补；错误的可以纠正；残缺的可以完善；无法改变的可以作为自己的瑕疵，客观地去面对。人生只有改变可以改变的，接受无法改变的，记住值得铭记的，忘记该忘记的，才能够拥有豁达、明

朗的心情。

所以，调整好心态，勇于直面自己的不足。真的勇士敢于直面自己的缺点与瑕疵；真的智者乐于解决自己的缺点与瑕疵，而真的成功者善于发现自己的缺点与瑕疵。让我们都来做勇士、智者与成功者吧！

心灵悄悄话

看淡得失是当今社会人们解除自身压力的一个妙方，而且没有什么是完全地获得，也没有什么是完全地失去。每个人都会在得到某些东西的时候，失去一些什么；在失去一些东西的时候，获得一些什么。

把弱点转化为优点

有自卑感的人往往将目光放在弱点上，对不重要的事也以自我为中心来考虑，以为每个人都在在意这些事，其实并不是如此。

美国一位管理学家曾说："倘要所有的人没有短处，其结果最多是一个平庸的组织。所谓'样样都是'，必然'一无是处'，所以不要过多地羡慕那些名人。才干越高，缺点也越明显，有高峰必有深谷。"

任何人都不可能是完美的，因为任何人的个人成就与人类博大的知识、经验相比，简直是九牛一毛。既然如此，就不要刻意地要求自己太多，要学会自我肯定，自我接受。而要做到这一点，把自己的弱点转化为优点才是最重要的。

我们应该清楚自己想克服的弱点是什么？伤感、失望、恐惧、生气、沮丧、酗酒……无论是什么，它绝对不能永远打败你。记住这一事实，你就可以将最弱的地方转为最强。

有一个叫格兰恩的人，小时候因为家里失火烧伤了腿，结果再也不能行走。不过，他后来却创造了一个奇迹，成为奥运会历史上长跑最快的选手之一。

人们对他的故事感到不可思议，认为这简直是不可能的。格兰恩说："一个运动员的成功，85%靠的是信心及积极的思想，换句话说，你要坚信自己一定能达到目标，你必须在三个层次上去努力，生理、心理及精神，其中精神层次最能帮助你，我不相信天下有办不到

的事。"

积极的思想能够推动人们产生更大的力量，而消极的思想只会打击你的勇气，让你不战而败。如果格兰恩的思想是消极的，他可能只会觉得沮丧与绝望，因为一个腿脚不便的残疾人已经习惯于这样的想法。事实上，他没有这样做，他相信自己能创造奇迹，并终将自己的弱点转化为了优点，做到了双腿健全的人也很难做到的事。

的确，只要坚信自己就能达到目标。拥有积极的心态，就能使一个人将自己的弱点积极地转化为最强的部分。这种转化的过程有时就像焊接金属一样，如果有一片金属破裂，经过焊接后，它反而比原来的金属更坚固，这是因为高度的热力使金属的分子结构更为严密的缘故。将弱点转化为优点的方法是：在你认为最弱的地方，采取最强的步骤，打有准备之仗，做到有的放矢。你认为最弱的地方，很可能是别人最强项的地方，所以，请永远记住：一个人想在某方面取得成功，来得最快的办法就是找这方面成功人士做你的教练，或找这个成功人士的自传来学习。

可以说，缺点与我们每天如影随形，从不分离，关键在于我们应怎样利用它。你要明确告诉自己，这些缺点不会成为你的绊脚石，你完全可以战胜它们，将弱点转化为优点。

如果一个人将弱点看成是自身的一部分，那么他就很难加以改变。心理学家告诉我们，人类性格中常见的弱点之一是他们认为自己并不想获得成功。同样，他们的思想会沿着这条路发展下去，他们会认为成功是一件十分危险的事，因为必须付出代价才会成功。为了避免这些代价，他们愿意将自己看成是不如他人的人，他们过分强调了自己的弱点，显示出不如人的样子。这样久而久之，他们就会忽略自己身上的优点，而弱点却发挥得更加明显，到最后他们真的成为失败者了。

如果你是气喘患者，你或许会抱怨上天对你太不公平了？

孙惠珊是个气喘患者，面对气候的变化与空气中的浮尘微粒，几十年来一直是她的大敌，她经常因为不舒服而影响到自己的情绪。

孙惠珊认为这样下去也不是个办法，为了过滤脏空气以改善自己的气喘毛病，她开始动脑筋想方法，最后，她想到捞金鱼的网子，灵机一动，就发明出防过敏鼻环了！

为了让使用者戴得舒服，孙惠珊还根据鼻孔的大小设计了不同尺寸，并在鼻环上加个装饰的假宝石，乍看之下，和穿鼻环的青少年一样酷，不用的时候，还可以夹在耳朵上当耳环。

无独有偶，就读美国柏克莱大学加州分校的华裔男孩孔庆祥，唱起歌来总是走调，跳起舞来还会顺拐，参加美国新人选秀大赛"美国偶像"时表演到一半就被评审轰下台。然而他的信心表现却意外获得民众青睐，成为美国人的新偶像，不仅唱片公司找他出唱片，还应美国偶像的邀请，演出了一场 15 分钟的个人秀。

人世间没有十全十美的人与事，我们每个人都会有这样那样的弱点与优点。那我们应该如何把我们的弱点转化为优点呢？

1. 孤立弱点，将它研究透彻，然后设定计划加以克服。

2. 详细列出你期望达到的目标。

3. 想象一幅将你自己的弱势变成强势的景象。

4. 立即开始成为你希望的强人。

5. 在你的最弱之处，采取最强的步骤。

无论是谁只要愿意控制自己的弱点，愿意接受积极思想，就能把最弱点转为最强点。信仰可以大大改变人的生活，新的思想可以把旧的思想排弃出去，只要有意识地去改变自己就能真正达到目的，"心的变化"实际上是指意识的变化。

克服弱点的第一步是学习接受自己，大部分有自卑感的人总是把注意的焦点放在自我身上，也就是将目光放在弱点上，对不重要的也

以自我为中心来考虑，以为每个人都在注意这些事，其实并非是这样的。

另一种普遍的缺点就是气馁，介于成功与失败之间的是气馁。如果你能坚持一下，多努力一下，可能就是另一番景象了，但是气馁会使你在快要达到目标时放弃。

要想改变世界，就得先改变自己。改变自己的最好方法就是拥有积极的心态。它能使你转败为胜，将弱点转化为力量！记住：一个人一辈子不可能都失败，也没有一个人一辈子都成功，所以正确对待自己的弱点，将弱点变成优点，下一个成功的人一定是你！

心灵悄悄话

成功与失败之间的距离，并没有你想象的那样遥远。从弱点转化为优点，也没有你想象得那样艰难，也许它们之间相隔的可能就是旧式窗户上的那一层一戳就破的纸而已。

跨越自卑这道门槛

信心是成功的第一秘诀。它是激励自己奋发进取的一种心理素质，是以高昂的斗志，充沛的干劲迎接生活挑战的一种乐观情绪，更是战胜自己、告别自卑、摆脱烦恼的一种灵丹妙药。信心是对自我能力和自我价值的一种肯定。在影响成功的诸要素中，信心是首要因素。有信心，才会有成功。美国作家爱默生也曾说过："信心是成功的第一秘诀。"

古人云：人无信心，谁人信之。建立信心，应该从相信自己、赏识自己做起。相信自己，就是对自己的认可和支持。"我能行""我也会成功"等积极的自我暗示，能够激起强烈的成功欲望，在战胜困难、实现目标的过程中，表现出果敢的勇气和必胜的信念。雅典奥运会男子110米跨栏金牌获得者、我国著名选手刘翔，越是在紧张激烈的大赛中，越是在竞争对手实力强大的情况下，越能表现出良好的心理素质，比赛成绩越优异，这正是个人有信心的充分体现。阿基米德曾经说过："给我一个支点，我就能够撬动地球。"这是多么豪迈而有信心的语言。信心，能够唤醒沉睡的潜能。无数成功者的事实启示我们：事业成功固然有种种因素，但信心是必不可缺的条件，失去了信心将导致事业失败。

当初门捷列夫发现元素周期律后，有些反对他的人认为，留下那么多空白就表明周期律的不合理和有矛盾，甚至连他的导师也嘲笑他不务正业。但是门捷列夫没有因此而放弃他的科学观点，他根据周期律科学地预言一些当时还没有发现的元素和它们的性质。正因为他的

预言和后来的实验结论完全一样，周期律才被科学界所承认并且引起广泛的重视。

居里夫人为了证实镭的存在，曾终日穿着沾满灰尘和污渍的工作服，在极其简陋的棚屋里，用和她差不多一般高的铁条搅动冶锅，从堆积如山的沥青矿的废渣中寻觅镭的踪迹。条件极其艰苦，但她心里却充满信心。她对友人说："我们应该有恒心，尤其要有自信心！我们必须相信我们的天赋是用来做某种事情的，无论代价多大，这种事情必须做到。"她终于获得了成功。

成功属于有信心者，而自卑却是成功的绊脚石。有这样一个故事：

1951年，英国科学家弗兰克林发现了DNA（人体遗传物质的双螺旋结构），这本是一件可获得诺贝尔医学奖的大发现，可由于他生性自卑，又怀疑这可能是错的而不敢肯定它，直到两年后，另外两位科学家沃林与克里克也发现了DNA，两人获得1962年的诺贝尔医学奖。我们真为弗兰克林惋惜，如果他自信一些，敢于承认自己和肯定自己，我想弗兰克林这名字会载入医学生物学史册。自卑真的害人不浅。

弗洛伊德认为童年经历可能会随着时光的流逝而变得模糊，但却保存在潜意识中，对人的一生都有重大影响。一般来讲，童年生活不幸的人更容易产生自卑感或自卑感更强烈。

成功者之所以成功，不是因为他没有受到过这些消极因素的干扰，他们成功的原因就在于他们能够用意志和适当的科学方法摆脱它们的干扰，跳出阴影地带。由此可见，成功永远属于自信者，自卑者与成功无缘。那么怎么才能让自卑者树立信心呢？下面是几招树立信心的方法。

1. 真实地评价自我

摆脱完美主义的束缚，不要妄想十全十美，以一种平和的态度对待自己，清楚自己的长处和不足。人无完人，或许你在这方面不如别人，但别人或许在另一方面不如你。在过高的要求无法实现的时候，失败感自然就会产生，自卑心理也就不可避免。

2. 转移注意力

当你充分认识到自己后，就不要把注意力始终停留在自己的短处上。你停留的时间越长，黑色的阴影就越重。发挥你的长处，体现你的人生价值，更能让你肯定自我，从而克服自卑的心理。

3. 心理治疗

如果你的自卑感太强，则成为一种心理疾病，一般的自我心理调节可能作用不是很大，此时需要通过心理医生来进行治疗。

4. 主动找回信心

主动找一些简单并且比较容易成功的事情做，逐渐增强自信心。一个人产生自卑的另一个原因，是遭受挫折和失败，所以，通过逐步获得成功找回信心。信心多一点儿，自卑就相应地减少一点儿。

5. 补偿法

这是一种最常见最有效的方法，主要通过自己努力奋斗，在某一

方面取得一定成就来补偿生理上的缺陷或心理上的自卑感。伟大的音乐家贝多芬就是很好的一个例子。在听觉完全丧失的情况下，他仍克服困难创作了著名的《第九交响曲》。

　　战胜自卑的过程，其实也就是磨炼心态、挑战自我的过程。人们常说："最大的敌人是自己。"而自卑却是自己为自己设置的障碍，只有跨越这道门槛，你才能集中精力和斗志从事别的事业。

心灵悄悄话

　　每个人或多或少都有自卑感，这是十分正常的。个人自卑感的形成则是受个人环境的影响。弗洛伊德认为童年经历对一个人生理状况、性格、志趣、思维方式等方面产生重大影响，而这些因素正决定了一个人自卑的强烈程度。

不卑不亢做自己

发掘自己的优点，给自己设定目标去努力，做好了信心就有了，做不好也学到了新的人生经验，会让你在以后的人生路上走得更坚定。

常听到别人说："我很没有信心，我常觉得自卑。"这样一讲，就已显得底气不足，如果再面临强大的对手，只有落荒而逃的份儿。没有信心，常是人的心理在作祟，还没有进行尝试，就说自己不行，就算给他机会，他也无法漂亮地完成任务！

一个有信心的人，他是不会承认对手的强大的，他更不会说："我没信心！"相反，他常会说："我是最好的！我是最棒的！我是最优秀的！"久而久之，他真的成了最好、最棒、最优秀的了！因为他以此为目标，不断地朝着这个目标前进，所以，他才不会回头，他才不会犹豫和退缩！

不自认卑微，尽管你职务不高、薪水不多，可是，离开了工作岗位，你和别人一样，都是平等的，没有什么不同。对任何人，都用一样的态度，而不必谄媚，不必刻意讨好。对任何人都不卑不亢，你就是你，你不比任何人矮一截，大家在人格上都是平等的。

一个自轻自贱的人，就算你的地位再怎么高，财富再怎么多，人家仍会觉得你有缺陷，仍会觉得你需要改变。当我们说一个人没有出息的时候，主要的不是说他没有做出成就，没有成家立业什么的，而是指那个人自轻自贱，自己看不起自己，自己打自己耳光，自己不给自己脸面。

155

而自轻自贱的孪生兄弟，就是自卑。奥地利心理学家奥威尔在《自卑与人生》中说："自轻自贱的人，必定是自卑的人；或者说，自卑的人，必定是自轻自贱的人。"自卑就是拿别人的优点和自己的缺点作比较时得到的那种感觉，是一种自己感觉低人一等的羞怯、畏缩，甚至灰心丧气的情绪。有自卑感的人，常常轻视自己，总认为自己无法赶上别人，并因此而苦恼。

一个好端端的人，为什么会自卑，会自轻自贱呢？美国心理学家的研究表明，儿童时期如果各项活动取得成绩而得到老师、家长及同伴的认可、支持和赞许，便会增强他们的自信心、求知欲，内心获得一种快乐和满足，就会养成一种勤奋好学的良好习惯。相反，他们会产生一种受挫感和自卑感。这就是说，自卑感的形成主要是社会环境长期影响的结果。

人的成才道路是相当宽广的，每个人都可以选择一条适合自己的路。当你取得了一定成功之后，还会继续发现自己有不如他人之处。所以，时时知不足是有利于促进自己进步的。但若老是自卑不已，悲观泄气，则是有害无益的。

当然，最重要的是能够进行正确的自我估价。俗话说"尺有所短，寸有所长""金无足赤，人无完人"，每个人都有长处与短处。如果只看短处不看长处，或者夸大短处缩小长处，则会形成自卑感。苛求自己没有短处，这是不可能的。有时，某些短处甚至还很难弥补，如身体的缺陷便是如此。积极的态度是扬长避短，以"长"补"短"。这一方面不行，也许另一方面比别人强。例如，盲人阿炳，虽然失去视觉，但却拉得一手好二胡，他不就是靠听觉和触觉来体验、创造生活的吗？当认识到自己的短处时，可以设法弥补，或选择更适合于自己的途径发挥自己的长处，自卑的心理也就没有立足之地了。

有这样一则故事：一位高考失利的青年，感到十分失意，就骑着自行车在大堤上乱走，一不留神，车子歪了下去，险些撞着坐在堤下

的一个老人。在向老人表示了歉意后，他没马上走，而是坐在老人身边。那是春天的一个上午，阳光明媚，清风徐来。草绿了，花开了，那些花儿，在远远近近的绿草间像星星一样闪烁。无数老人、孩子在草里徜徉，花里漫步，也像春天的阳光一样灿烂，只有这位青年例外。

那时候，失意就像春天的草一样在他思想里蓬蓬勃勃。很久以来，他看见一片落叶便伤感，觉得自己也是一片落叶；他看见一朵落花，也伤感，觉得自己是一朵落花；看见流水，还是伤感，觉得自己的生命就在这平平淡淡中像水一样流逝了。

老人看出了他的失意，跟他说起话来，老人说："年轻人，怎么这样无精打采呢？"他当时手里正缠着一根草，在老人问过后，他举了举那根草说："我这辈子将像这根草一样平凡。"老人没作声，只是静静地看着他。在老人的注视下他说了起来，他说："我是一个很不幸的人，初中时因一场病休学一年。此后，学习成绩一直很差，勉强读了高中后，又没考上大学。"他又说："一个人连大学都没上过，毫无疑问是一个平凡的人，我这一辈子将在平凡中度过。但我不甘心，也不想成为一个平凡的人，我从小就立下志愿，一定要让自己的人生辉煌。"说到这里，他流泪了，他心里装不下太多的失意，那些失意像汹涌的洪水，终于找到了决口。

这时老人开口了，老人说："你知道你手里拿的是什么草吗？""不知道。""它是蒲公英。""这就是蒲公英吗？我常在诗人笔下见到它，可它也很普通呀？"他说。"你没看见它开着花吗？""看见了，一种小花，毫不起眼。""是不起眼，但它也可以辉煌。""在诗人的笔下？""不。"老人摇了摇头，注视着他。

一会儿，老人站了起来，跟他说："我带你去看一个地方吧。"他听从了老人的话，也站了起来。随后，他跟着老人沿着那条堤往远处走去。大约二十几分钟后，他看见了一个足以让他一生都为之震撼的景致：那是一块很大很大的河滩，有几十亩甚至上百亩大，整个河滩

157

上全是蒲公英，无边无际。蒲公英开花了，那些毫不起眼的黄黄白白的小花，在阳光下泛着粼粼波光，那样美，那样烂漫，那样妖娆，那样蔚为壮观，炫目辉煌。一朵小花，也可以这样辉煌吗？他们再没说话，就那样伫立着，起风了，花儿轻轻地向他涌来。他心里一下子飘满了那些美丽的蒲公英，忽然觉得自己也是一朵蒲公英了！

从那以后，那漫无边际的蒲公英一直在他眼里烂漫着，他仿佛从那里看见了自己。他同时也深深懂得了平凡的人生也可能充满着不平凡的道理。

当然，对于人生来说，一种充实有益的生活，本质并不是竞争性的，一个人不必把夺取第一看得高于一切，它只是个人对自我发展和幸福美好生活的追求而已。那些每天一早来到街头公园练武打拳、练健美操、跳迪斯科的人们，那些只要有空就练习书法绘画、设计剪裁服装和唱戏奏乐的人们，根本不在意别人对他们姿态和成果评头论足，也不会因没人叫好或有人挑剔就停止练习、情绪消沉。他们的主要目的不在于当众展示、参赛获奖，而是自得其乐、自有收益，满足自己对生活美和艺术美的渴求。

心灵悄悄话

一个人贫穷点没关系，地位低些也没关系，这些都是外在的，是可以凭自己的努力改变的，或者说得极端些，不改变又怎么样呢？各人有各人的生活，只要不妨碍别人，不对不起别人，穷些苦些又怎么样呢？但如果一个人自轻自贱，那就麻烦了，那就没有救了。

正视自身缺陷，告别自卑

当人们遭受厄运时，特别是身体的某些部分不健全的时候，他们的意志会遭到严重摧残，心理上的阴影会笼罩着他们整个的生活。有的人因此一蹶不振，心灰意冷；或有人自甘堕落，永无再起之念；或有人改弦易辙，将原先的心志一扫殆尽。常言说，哀莫大于心死。如果一个人的心态变得消极而又自卑，那么无论做什么，他都不会再有热情。

盲人阿炳面对身体上的缺陷，没有一蹶不振，而是自强不息，克服心理上的自卑，写出了音乐经典《二泉映月》；张海迪高位截瘫后，意志并未消沉，而是奋发学习，在文学及医学领域都有所建树，成为当代青年的楷模；史铁生用残缺的身体，迸发出最为健全而丰满的思想，成为当代中国最令人敬佩的作家之一。霍金因患卢伽雷氏症（肌萎缩性侧索硬化症），被禁锢在一张轮椅上达 20 年之久。但是他却身残志不残，使之化为优势，克服了残废之患而成为国际物理界的超新星。他不能写，甚至口齿不清，但他超越了相对论、量子力学、大爆炸等理论而迈入创造宇宙的"几何之舞"。尽管他那么无助地坐在轮椅上，他的思想却出色地遨游到广袤的时空，解开了宇宙之谜。这恰恰验证了巴尔扎克的一句话："挫折就像一块石头，让你却步不前；而对于强者来说，却是垫脚石，使你站得更高。"所以正视自身的缺陷，化悲痛为力量，你就同样能够创造属于自己的辉煌。

作为身体有缺陷的青少年，战胜自卑的情绪首先就要正确认识自己，勇敢面对自身的缺陷。马克思说过，伟人之所以高不可攀，是因

为你自己跪着。只有正确认识自己，才能看到自己在社会生活中能够发挥的作用。事实上，每个人都有自己的优点和缺点，都有自己的长处与短处。不要总拿别人的长处来比自己的短处，别人也有短处，也不完全具有你的长处。只要注意克服自己的心理障碍，积极发挥自己的长处，就能干出成绩，增强自身的自信心，抛掉自卑的心理包袱。

虽然人来自自然，但是同时人又具有超越自然的能力。身体不健全的青少年同样可以在与自然的斗争中超越自我、完善自我、塑造自我。对于自然界和社会所带来的一切，我们必须坦然面对，从容应对，这是命运的较量，更是意志的较量，是我们必须具有的素质。我们虽然不能像屈原、司马迁、阿炳、张海迪、史铁生、霍金那样杰出，但我们同样可以用自己的勤奋劳作，做一个对社会有益的人。青少年朋友们，抛却消极和自卑吧，没有阳光的日子，就享受阴凉和雨雪；没有明月的夜空，就欣赏恒星和流星；没有酒，就以茶代酒；没有茶，白开水喝着也爽口。坦然面对自身的不健全，要拿出任何厄运都不能奈何你的勇气和信心，这样生活中就会充满阳光。

其实很多时候，只要你用心去感受，你就会发现老天在给予你一点不幸的同时，会在别的方面给你幸福。你有很爱你的父母、很关心你的老师、很体贴你的朋友、聪明的大脑、良好的经济环境等。所以用点心，去发现身边的美丽事物，你会觉得自己其实还是很幸福的。所以又有什么理由要去自卑呢？

健康的概念，其实不仅仅是指身体的健康，同时还包括心理的健康。虽然我们身体不健全，但是我们建立了健康的心理理念，学会了自我心理调适，我们就同样是健康的人。因此，青少年朋友们，只要你们有坚强的意志和毅力，通过锻炼，某些不完善的功能就可以通过其他方式得到弥补。比如，学会一技之长，发展自身的某些兴趣爱好等，你就能在其中找回信心。另外，要学会培养乐观而又积极的性情，跟他人平等地交朋友，不要自认低人一等，不要孤僻独处。这种人生态度就会使你更好地接受生活、适应生活，从中领悟到生命的意义，懂得珍惜生命。

身残志不残，只要有心、用心去做，就一定会有意想不到的收获。其实残疾并不可怕，因为残疾而失去自尊和对生活的信念，那将是最可怕的。所以面对残疾，只要付出努力，自强不息，生命的成功同样可以属于你，只要你永远不对生活失去信心。

心灵悄悄话

换个角度想想，厄运虽是人生的一大不幸和痛苦，但同时也是机会和挑战啊。翻开浩如烟海的古今中外书籍，我们不仅可以读到许多在逆境中奋起的名言，还能看到许多遭受厄运后做出杰出贡献的典范。

第五篇 告诉自己说「我能」

要敢于肯定自己

我们对待生活往往有两种截然不同的态度：积极或消极。于是就会发生这样两种现象：肯定自己和否定自己。如果你想使自己有信心，那么从现在开始，你就要学会肯定自己。

生活中，有些自卖自夸的人也能成功，就是因为他们能用肯定的方式使自己变得有信心，使自己变得成功。我们可以设想：如果一个卖西瓜的瓜贩子在自己摊位上的招牌上写：本瓜我也不知道甜不甜。我想十个会有九个人扭头便走。因为连他自己都不能肯定，别人怎么会肯定呢！

生活告诉我们，任何事都有好坏两个方面，就看你以何种态度去看待了。如果你的态度是积极的，你就会发现这大自然的景观，如果你的态度是消极的，你会产生"感时花溅泪"的想法。心理学家告诉我们：语言是任何天才均无法相比的魔术师，无论多么不利的状况，只要你的表现有正面、有价值，那么同样的事，你就可以用肯定的一面去看待自己。

一个自己否定自己，甚至讨厌自己的人，活着是毫无生命意义的。应当清楚，一个不敢肯定自己的人，是难以有自强不息精神的。与其悲叹自己比不上别人，还不如在真实中求索完善。

有个女孩叫黄美廉，自小就患上脑性麻痹症。此病状非常惊人，因肢体失去平衡感，手足便时常乱动，眯着眼，仰着头，张着嘴巴，口里念叨着模糊不清的词语，模样十分怪异。这样的人其实已失去了语言表达能力，不亚于哑巴。但她硬是靠顽强的意志和毅力，考上了美国著名的加州大学，并获得了艺术博士学位。她靠手中的画笔，还有很好的听力，来抒发自己的情感。

在一次讲演会上，一个不懂世故的学生竟然这样向黄美廉提问："黄博士，你从小就长成这个样子，请问你是怎么看待你自己的？"在场的人都在责怪这个学生不敬，但黄美廉却十分坦然地在黑板上写下了这么几行字："一、我好可爱；二、我的腿很长很美；三、爸爸妈妈那么爱我；四、我会画画，我会写稿；五、我有一只可爱的猫；六……"最后，她以一句话作结论："我只看我所有的，不看我所没有的！"

黄美廉以自己的实践，道出了走好人生路的真谛：肯定自己。肯定自己就是尽力发挥自己的优势，多看多想自己的优点，就可以增强信心、充满活力。

肯定自己不是一味地迁就自己，更不是无原则地宽恕自己。自己的缺点要勇于肯定，同时也要敢于肯定自己的优点。我们要不断地反思自己，对问题和缺点应该否定，而对自己的优点和长处更应该肯定。肯定自己，也不是孤芳自赏、顾影自怜，而是用一颗真诚、善良的心灵，去感知世界、认识自我，认认真真地过好生命中的每一天。

拿破仑曾说过，一个人应养成信赖自己的好习惯，即使再危急，也要相信自己的勇气与毅力。人要经常富有创意地自我对话，找到自己的价值，从而能够自我肯定。

也许你的幻想一次次地被现实无情地击碎，然而在这个世界上每个人都有太多的无奈。只要我们正确了解自我并勇于超越自我，在人生风雨中酣畅淋漓地展示自我，活出自己的风采、魅力，潇潇洒洒，坦坦荡荡足矣！

肯定自己，也要敢于发现自身的弱点，并勇于纠正。这样才能欣赏到不是丑陋的自以为是的自己，而是越来越完美的自己。

人不可能什么都不行，一定要肯定自己的一些优势，这样才能给

自己信心，给自己动力。当然，同时我们也应有清醒的头脑，认识到自己的不足而去努力地学习。这样，靠自己的优势而去带动自己不足的地方去学习、去改进，终有一天，会发现自己也是如此优秀。

肯定自己，任何时候不要忘记提醒自己——在这个世界上，你是独一无二、不可复制的。如果你每天试着赞美自己，你一定会发现，自己正悄悄地在改变，就像阳光下的鹅卵石，被镀上了一层光泽，散发出一种令人惊艳的美。到那个时候，你就会发现，其实自己就是魔法师。让我们昂首挺胸走路，不仅不逃避他人的目光，而且充满信心地注视他人，同时送给他人灿烂的笑容，最后，从他人的赞美中再次获得信心。

心灵悄悄话

短暂而又漫长的人生路上，我们应该学会肯定自己。在做任何事情以前，如果能够充分肯定自我，就等于已经成功了一半。当你面对挑战时，你不妨告诉自己：你就是最优秀的和最聪明的，那么结果肯定是另一种模样。

超越自卑，完善自我

生活中的你，一定想拥有漂亮的容貌；假如你没有漂亮的容貌，一定想拥有过人的智慧、非凡的能力。假如上述所说的一切你都没有，那么，你是否会感到痛苦、胆怯和恐惧，是否会觉得自己一无是处，是否会让自卑的魔鬼占据你的心灵。自卑会使你不敢面对周围的目光、躲避在自己的内心世界里，感受孤独与痛苦，会使你放弃曾经远大的理想，错过许多宝贵的机遇，被现实世界所忽视。

人是不完美的，缺点是我们背上的刺时刻提醒我们谦卑和体恤别人。我们要感谢上天的恩赐，用更多的精力去超越自卑，完善自我，从而走向成功。

法国著名的化学家维克多格林尼亚是一个超越自卑走向成功的典型例子。

格林尼亚出生在一个十分富裕的家庭，从小就养成了游手好闲的生活态度，总是挥金如土，盛气凌人，但是在他 21 岁那年，却遭受了一次严重的打击。

在一次宴会上，他遇见了一位年轻美貌的巴黎女郎，而且对她一见钟情。于是，他仗着自己长相英俊而且有钱有势，便走上前与她搭讪。

没想到，这位女郎却冷冰冰地对他说："先生，请你站远一点，我最讨厌被花花公子挡住视线了。"

这让格林尼亚羞愧不已。对许多人来说，可能这只不过是被一个

高傲的女孩拒绝而已，但是，对于从小就娇生惯养的格林尼亚来说，却是一次严重的打击。

经过这次事件之后，他离开了自己的家乡，一个人来到里昂，并且隐姓埋名，整天只待在图书馆和实验室里做研究。经过菲利普·巴尔教授的指导，再加上不懈努力，他终于发明了格式试剂，并且发表了200多篇学术论文。

1912年，瑞典皇家科学院授予他诺贝尔化学奖。维克多·格林尼亚反省说："因为从小家境很好，每当自己有任何好成绩时，家人都会视为理所当然，而其他人则认为那是因为我的家境好，从来都没有人会认为是我自己的努力。慢慢地，我对自己越来越没有信心，不知不觉开始自卑起来，总是拿着家里的富裕来满足自己，直到女孩的那句话，我才发现自己是多么让人生厌，甚至连我自己也非常厌恶自己。后来我仔细反省，终于了解到，如果能正确地对待心里的自卑，我一定能靠着自己的力量，获得别人真正的肯定。"

这样的经历，许多人都会有过。不管是在青少年时期，还是在工作中，都有过感觉自己不如别人，每个人都或多或少地有过自卑的想法。我们不应被自卑吓倒，而应超越自卑，让它升华为一种良好的品格。只要这样，你才会活得开心、活得顺利，你的人生才会充满希望。

方刚博士在他的《精神我析》一书中，讲了自己的故事。小时候由于家庭的原因，他非常自卑，以至于几次想自杀，不善于同人交流，还犯有"口吃"的毛病。后来，通过努力，在学术方面颇有成就，寻找到了一种补偿机制，给自己"口吃"的毛病找到了合理的解释，认为"口吃"的人是因为很聪明，头脑反应快，而表达跟不上思维引起的，从此以后"口吃"的毛病根治了，超越了自卑。

世界上，自卑心理倾向人皆有之，只不过有强有弱而已。世界是伟大的，而自己是渺小的观念从小便在幼稚的心灵上扎下了根。而后逐渐长大，在学校、社会里我们要和形形色色的人打交道，从而产生种种对比和竞争：身体容貌、家庭背景、社会地位、学习成绩、薪水收入等。可以说没有人能在各方面都取得胜利，在不同的层面上每一个人都会有己不如人的失败体验。

其实，你不妨一个人静下来想一想，跳出自我看自我，便能够找到导致自卑的真正原因，更相信你能够超越自卑。超越自卑是可以做到的。欲想超越自卑，完善自我，取得更大的成就，你可以试一试以下几个方法：

第一，要认识自卑的起因和本质。

自卑是在家庭影响、学校教育、社会要求和评价以及个人的生理、心理等因素的共同作用下产生和形成的，是社交中常见的一种心理现象，是自我评价低的一种表现，是普遍存在的一种负面情绪。情绪低落、过度怕羞、拒绝交朋结友、自暴自弃、回避竞争等都是自卑的表现。自卑的人都很痛苦，因为他们缺乏信心，不善于人际交往。但是，自卑也有积极的一面。著名的奥地利心理学家阿德勒认为，每个人都有不同程度的自卑，因为自卑是每个人在追求更加优越的地位和完美的人生过程中必然要出现的心理反应，超越自卑可以激发我们努力和上进。

第二，正视自身，确定自己的真正价值所在。

有一个故事说，"一个人为自己没有一双新鞋子而哭泣，直到看见一个没有脚的人才不哭了"。要知道，上帝给你一短，必给你一长，要发现和守护好这份礼物。况且你如果生得丑陋，便不必以外表的美作为衡量自己价值的唯一尺度。

第三，要放弃以己之短比人之长的思维定式。

如果你没有令人骄傲的成绩，就不要去跟班上的成绩拔尖的同学比。放下比较，用心去做自己，你只和过去的你比较，如果你比昨天

进步了，那就是成功。最后，要善于接纳自己。不管你有多少不如意之处，你都是世界上唯一的。你一定有一些与生俱来的优点，珍惜它，并充分展现出来。每个人都是一座金矿，你要做的，只是将金子挖掘出来，发挥其价值。

第四，在行为上，每个人都要用行动来证明自己的能力与价值。

看一个人有没有价值，用不着进行深奥的思考，也用不着问别人，有人需要你，你就有价值，你能做事，你就有价值。因此，你可先选择一件自己较有把握也较有意义的事情去做，做成之后，再去找一个目标。这样，你可不断收获成功的喜悦，每一次成功都将强化你的自信心，弱化你的自卑感，一连串的成功则会使你的自信心趋于巩固。当你切切实实地感觉到自己能干成一些事情时，你还有什么理由自卑呢？

第五，从另一个方面弥补自己的弱点。

一个人有着多方面的才能，社会的需要和分工更是万象纷呈。一个人这方面有缺陷，便可从另一方面谋求发展。只要有了积极心态，对自己扬长避短，将自己的某种缺陷转化为自强不息的推动力量，也许你的缺陷不但不会成为你的障碍，反而会成为你的福音。因为它会促使你更加专心地关注自己选择的发展方向，往往能促成你获得超出常人的发展，最终成为超越缺陷的卓越人士。如身材矮小的拿破仑、聋哑盲人海伦、少年坎坷艰辛的巨商松下幸之助、霍英东等，这些人要么有自身缺陷，要么有家庭缺陷，但他们都成了取得卓越成就的成功的人，都从某个方面改变了自己甚至改变了世界。学会赞美自己、肯定自己，是超越自卑、建立信心的关键。

人生活在社会中，社会是个万花筒，千姿百态，形形色色，良莠相杂。所以就有近朱者赤、近墨者黑的真理。所以才有"昔孟母，择邻处"的孟母三迁，才有"玉不琢，不成器；人不学，不知义"的古训。

"人之初，性本善"，说明人一出生，其性是善的。但随后，在成长过程中，就会出现巨大的差异，由此带来了种种问题，所以这也不足为奇。一个品质优良、性格高尚的人不是天生的，而是靠后天的不断努力、修养、锻炼、培养而获得。人对此必须要有清醒的认识。要超越自卑，完善自我，就必须不断地努力，有缺陷弱点也不必悲观、忧愁，关键在于正确认识。认识问题的由来及其原因，就有了良好的开端，就会有明确的目标和努力的方向，何愁问题不能解决！

心灵悄悄话

生活在大千世界中的你战胜一个个自卑的过程，也就是能力不断积累，自我不断完善，人格不断升华的过程。超越了自卑，你就变成了一个充满生机、充满信心、健康而快乐的人。所以说，自卑被超越之日，就是生命之花怒放、完善自我之时。

第五篇　告诉自己说『我能』

相信自己，远离自卑

自卑是人生最大的跨栏，每个人都必须成功跨越并找到信心，才能到达人生的巅峰。

自卑和信心在我们心中是同时存在的。自卑是一种病，就像是感冒一样，发作起来会"咳嗽、流鼻涕"，感觉很不舒服；而信心则是在赶走了自卑以后发掘出来的一种力量和步伐。

"人生最大的敌人是自己，自卑的人注定一事无成，不骄傲的信心是成功的关键"。自卑，就是自己看不起自己，轻视自己。有自卑心理的人，并不一定就是他自己具有某种缺陷或短处，而是不能容纳自己，自惭形秽，常把自己放在一个低人一等，不被自己喜欢，进而演绎成别人看不起的位置，并由此陷入不可自拔的境地。

信心能够释放人很多力量：英勇、坦诚、开朗、乐观、豁达、谦虚、热情。有信心的人对生活是充满爱心的，是无所畏惧的。有信心的人敢于接受自己的缺点，能客观地看待问题，较易接受现实，对自己较负责，能控制好自己的情绪。有信心的人富有同情心，也更具有爱的能力……

自卑是衰老的催化剂。自卑的人心情比较低沉，郁郁寡欢，会因害怕别人瞧不起自己而不愿与别人来往，缺少朋友，甚至自疚、自责、自罪；他们做事缺乏信心，优柔寡断，毫无竞争意识，享受不到成功的喜悦和欢乐，因而常常会感到疲劳，心灰意冷。

自卑是缺乏魅力的根源，自卑的心理能够促使一个人在人生道路上走下坡路，因此，我们要克服自己，去战胜自卑。客观地分析自我，认清自己，热爱生活，从而树立起对生活的勇气。

麦斯威尔·马尔兹医生说过："世界上至少有95％的人都有自卑感！"这个数字或许会把你吓一跳，但真要细心观察一下会发现，你周围的亲朋好友，有几个人是真正的不自卑者？又有几个不成天对你诉说自己的不幸？

其实，从某种意义上来讲，世界上最糟糕的事就是对自己没有信心，把自己看成一个可怜的人，那就真的很可怜了。

罗斯福夫人艾莉洛出身于名门世家，按道理说她应该是个非常有信心的女孩子，其实情况并不是那样。因为家中美女如云，她的母亲、婶婶个个都是社交界名媛，和她们相比，她一直自认为自己是个一无长处的人！她终日都在这种充满自卑感以及他人的阴影之下生活着。

直到有一天，在一次圣诞节舞会里，有一位年轻人走上前来对她说："我能请你跳支舞吗？"就从这一次邀请之后，忽然便有许多年轻人来邀她共舞。而第一位邀她共舞的年轻人，就是美国政坛知名的人物富兰克林·狄·罗斯福。

其实艾莉洛的自卑与信心只是一念之差，在那一刻相信她的长相没变、装扮没变，变的是她因为信心而导致脸上有不同的光彩，可以说信心是最好的美容圣品。只要了解自卑是无谓的、自卑与信心只是如此的一线之隔，我们便可以改变自己的一生。

看不到自己的长处，对自己的估计过低，常常容易导致自卑的产生。这样的人经常会因为一些小事而瞧不起自己，觉得自己生来比别人低一等。自卑会使一个人消极、悲观，一事无成。所以我们应该努力去打败它，把它从我们的生活中赶出去。

一个人活在世上，只有相信自己才能有灵感的顿悟，激情的喷发，意想不到的收获。相信自己就会在无助的时候平添几分豪气胆

自勉

识，就会迎难而上，排除万难，去赢得胜利。

相信自己才能激发自身潜力，张扬自己的风格，发挥自身特长。

当然相信自己不是盲目自信不是骄傲自大不是桀骜不驯，而是客观评价公正评价，是扬长避短不断完善和充实自我。

心灵悄悄话

人生路上，相信自己，才能在自己落寞孤寂时重燃希望的火焰，才能远离悲观失望，从绝处逢生，变山重水复为柳暗花明，与失意彷徨告别，不齿与自卑为伍。

千万别苛求自己

总是对自己的缺点耿耿于怀，容易滋长自卑情绪，灭自己的威风，长别人的志气，让人瞧不起自己。

下面介绍两种方法，可以培养信心，克服对别人的恐惧。

其一，从思想上适当地抬高自己，并适当地评价别人，即对人对己的看法要保持平衡。

在与其他人相处时，要始终记住两点：第一，别人都是重要的，每一个人都是重要的角色，所以你要尊重别人；第二，自己也很重要，所以，你更要尊重自己。认识到这两点，当你遇到任何人时，就要这么想："现在是两个重要人物在相聚。"

其二，从言行上做出不卑不亢的样子，即通过有信心的举止，来培养有信心的心态。

当与陌生人相遇，作自我介绍时，我们可以同时采用下列三项行动：

第一，伸出双手充满热情地握住对方的手。

第二，正视对方的眼睛，伴以友好的真诚。

第三，同时笑着说："我很高兴见到你！"

这样，你会发现：你的热情感染了别人，你的大方取代了害羞，你的信心代替了自卑，你的勇气代替了胆怯！

有一位经理打电话告诉朋友，说这个朋友推荐来的年轻人已被聘用。

"你知道那位年轻人凭哪一点打动了我吗?"经理问这位朋友。

"哪一点?"

"他在自我表现上与众不同。大部分来求职的人在进入我的办公室时,都有一些恐慌。

"他们的回答,都是他们认为我想要听的。说实在的,他们有点像乞丐。

"他们对任何事物都毫无主见,但是这个年轻人却是个例外。他尊敬我,但同样重要的是,他也尊敬他自己。

"更不简单的是,他发问的次数几乎和我问他的次数一样多。他不是像老鼠般的小人物,他是一位有所作为的男子汉。"

做到正确地认识别人,也正确地认识自己,就能像上面这位求职的年轻人一样,在人际交往中,真正做到从容自若、游刃有余。

所以,要克服自卑,最重要的就是更新自己的观念:其一,学会正视别人;其二,学会正视自己。

正视别人,即承认别人都有优点,每个人都会有自己不如的地方,值得自己学习、效仿;但是,又不能只看到别人的优点,而看不到他的缺点。

金无足赤,人无完人,我们既不可盲目拔高别人,使自己匍匐在地,也不可无端贬低别人,使自己高高在上。对人对己,在人格上保持平等,既不崇拜任何人,也不鄙视任何人。

正视自己,即要有自知之明。不仅有自知短处之明,也要有自知长处之明。

当与人相处时,内心应这样想:他是个重要人物,我也是个重要人物,现在是两个重要人物在一起,正共同探讨双方互利的事情,或正谈论彼此都感兴趣的话题,唯其如此,才能不卑不亢。在对方占优势时,我很谦虚,但不自卑;在对方处于劣势时,我很庄重,但不自傲。

在与人交往时，我们可以通过改变自己的言行举止，来改变自己的心态。比如，当我们昂首挺胸时，就会显出煞有介事、成竹在胸的自信样子。

反之，如果你含胸哈腰，一脸苦相，不仅自觉气短，别人也会觉得你了无生趣。

心灵悄悄话

纵观这么多的沧桑，在我们的生活中，一定不要让自己陷进自卑的魔掌，养成有信心的良好习惯，相信你的人生从此就会与众不同。

第五篇　告诉自己说『我能』

第六篇 >>>
做独一无二的自己

　　每个人都有特长,都有擅长和不擅长的事情,但很多人却认为:只有那些拥有高学历的人才有特长。其实这是错误的,事实上,只要是人,都有特长,都有上天赋予我们的强于他人的能力,只是有的人及时发现和发挥了自己的特长,而有的人把这种资源白白地浪费掉了而已。每一个人都有着与众不同的禀赋,要善于发现自己,扬己之所长,避己之所短;好不容易发现了自己的天才火花,绝不可让它一闪即逝,要让它发扬光大。你需要做的其实很简单,那就是"相信自己!"

我们要有自信心

信心是成功的秘诀。拿破仑曾经说过："我成功，是因为我志在成功。"如果没有这个目标，拿破仑必定没有毅然的决心与信心，当然成功也就与他无缘。

信心对于立志成功者有重要意义。有人说：成功的欲望是创造和拥有财富的源泉。人一旦拥有了这一欲望并经由自我暗示和潜意识的激发后形成一种信心，这种信心就会转化为一种"积极的感情"。它能够激发潜意识释放出无穷的热情、精力和智慧，进而帮助其获得巨大的财富与事业上的成就。

所以，有人把"信心"比喻为"一个人心理的建筑工程师"。在现实生活中，信心一旦与思考结合，就能激发潜意识来激励人们表现出无限的智慧和力量。

自信心是一个人相信愿望或预想一定能够实现的一种心理状态。自信心是成功的力量和源泉。居里夫人有句名言："我们应该有恒心，尤其要有自信心。"古往今来，凡在事业上取得成就的人，无一不是以坚强的自信心为先导的。古希腊著名学者阿基米德宣称："给我一个支点，我将撬动地球。"这是何等气魄的自信心，正是这种令人惊叹的信心，燃起他无比的智慧。君不见，如果没有"长风破浪会有时，直挂云帆济沧海""天生我材必有用，千金散尽还复来…仰天大笑出门去，我辈岂是蓬蒿人"的信心，哪有一代"诗仙"李白；如果没有"会挽雕弓如满月，西北望，射天狼"的信心，哪有一代豪放大家苏轼；如果没有"自信人生二百年，会当击水三千里""数风流

人物，还看今朝"的信心，哪有万水千山，披荆斩棘，铸造了共和国的辉煌，带来了亿万人民的幸福的毛泽东。

自信心就是确信自己所追求的目标是正确的，也确信自己有力量与能力去实现所追求的那个正确目标。

在美国哥伦比亚大学举行的一次物理博士资格考试中，我国留学生陈成钧获得第一名。他的考分超过第二名的20%，打破了这所大学物理系历届博士资格考试的纪录。学院破例免除他全部硕士学位课程，跳一级直接获取博士学位。陈成钧这一出色成就便是以自信心为动力而赢得的。

1957年，刚满20岁的他，正在北京大学物理系读三年级，被一场灾难性的风暴卷了进去，从此，他就开始走上一条坎坷不平的道路。

陈成钧想，古今中外许多有作为的人并不都是在顺境中成长的。无情的摧残虽然给他心灵上造成了创伤，但也激起了他不甘沉沦的热情与信心。他抓紧劳动空隙时间，继续攻读物理学。正如《颂人生》中他的诗文："人生的道路和归宿，不是享乐也不是忧愁。努力啊，为了一个明天，每个明天都比今天要胜一筹。让我们奋发有为吧，悲欢离合不动心，进取吧，探索吧，做一个勤劳耐心的人！"

具有自信心的人，总是在审慎权衡主客观条件的基础上，提出经过一定努力即可实现的目标。这个目标不仅切实可行，既不会过高，也不会过低；同时也明确具体，既不会抽象笼统，也不琐碎杂乱。只有明确具体、切实可行的目标，才有助于自信心的巩固与提高。

具有自信心的人总是乐观主义者。他们在生活、学习中，无论多么艰难困苦，他们都会体验到一定的快乐，看到光明的前途。而正是这种乐观的情绪，使他们的自信心得到发展与巩固。

自信心强的人，一般总是有坚强的毅力与充沛的精力。精力似一股取之不尽的清泉，它给人们提供用之不竭的动力；毅力则是一把神奇的刻刀，专门雕刻强者的形象。

具有充足自信心的人，养成了谦逊的品质。他们一定会虚心好学，不耻下问，而绝不会在成绩面前忘乎所以，傲视他人；同样，他们也必然会朝气蓬勃，信心十足，绝不小看自己，也不轻视他人。

一个充满自信心的人，他总怀有崇高而远大的理想，绝不会满足于已有的成绩；一个鼠目寸光的人是不会有什么自信心可言的。远大的理想是自信心的催化剂，自信心则是远大理想的胶着物。二者的结合，就一定能使人从一个目标走向另一个目标，满怀信心地去追求更大的成功。

心灵悄悄话

人的自信心不是天生的，也不可能凭空产生。自信心必须建立在一定的实力与本领的基础上。只有实力充足、本领高强的人，才会有充分的自信心。因此，一个人要想培养自信心，就应当不断地提高自己的实力与本领。作为学生，首要的是提高自己的学习能力，促进多方面能力的发展。

第六篇　做独一无二的自己

了解自己的特长

每个人都有特长，都有擅长和不擅长的事情，但很多人却认为：只有那些拥有高学历的人才有特长。其实这是错误的，事实上，只要是人，都有特长，都有上天赋予我们的强于他人的能力，只是有的人及时发现和发挥了自己的特长，而有的人把这种资源白白地浪费掉了而已。

生活中有很多人终其一生，都不知道自己有何特长，当然更谈不上发挥和利用其特长了。其实，每个平淡无奇的生命中，都蕴藏着一座丰富的金矿，只要你肯挖掘，你就会挖出令自己都惊讶不已的宝藏来。所以，我们要了解自己的特长和天赋，培育它进而发展别的长处。如果所有的人都知道自己究竟长于做什么事，那么他们都能在某个方面取得卓越成就。

一个人或许没有健全的身体，但可以拥有健全的人格和心灵。"鸟美在羽毛，人美在心灵"，诚实、正直和仁慈，这些品质是每个人品格应具备的重要方面。在生活中不仅要经常照照镜子，看看自己的仪表和容颜，更要经常扪心自问，你做到了公正、守信、诚实、正直、仁慈和无私了吗？如果答案是肯定的，那么，说明你已经具备了健全的人格，如果还有欠缺，那就虚心改正、扬长避短，朝着健康的品质目标迈进。我们每一个人都不可能对自己了解得十分清楚，但是，起码得知道自己的优势，发挥自己的长处，弥补自己的不足，这样才能成就自己的理想。

法国有一个穷困潦倒的年轻人，流浪到巴黎，找到父亲的好友，期望他能为自己找一个谋生的差事。父亲的好友问他有什么专长，比如说会数学、物理、历史……年轻人窘迫地低下头，羞愧地说：自己似乎一无所长。父亲的好友想了想说："那你先写下你的地址，我总得给你找个活做啊。"年轻人不好意思地把自己的住址写下，刚想转身离去，却被父亲的朋友一把拉住说："年轻人，你怎么说你没有特长呢，你的名字写得多好啊……""能写好自己的名字也叫特长？"年轻人不解地转过身疑惑地看着父亲的好友。"当然，字反映了一个人的文化修养，一个人的内涵……"父亲的好友意味深长地说："人要有自信心，找工作之前，首先要找到自己的特长，并要把自己的特长发挥到极致……"听了父亲好友的一席话，年轻人使劲地点点头，后来他结合自己的特长找了一所中学教授法文，度过了一段艰苦的岁月，也就是从那时开始，这位年轻人认识到了自己在文学方面的天赋和特长，并开始发挥这个特长。他就是后来写出享誉世界的经典文学巨著《三个火枪手》的法国18世纪著名作家大仲马。

世界上有很多平凡之人都拥有一些诸如"能把名字写好"这类小小的特长，但由于自卑等原因常常被忽略了，这实在是让人遗憾的事。

了解你最突出的才能——培养它，它就会惠及其余。每个人，如果清楚自己的强项之所在，那么他就能够在某些方面胜过别人。

一个替人割草打工的男孩打电话给一位富人太太说："您需不需要割草？"这位富人太太回答说："不需要了，我已请了割草工。"男孩又说："我会帮您拔掉花丛中的杂草。"这位富太太回答："我的割草工也做了。"男孩又说："我会帮您把草与走道的四周割齐。"这位富太太说："我请的那人也已做了，谢谢你，我不需要新的割草工人。"男孩便挂了电话。此时男孩的室友问他说："你不是就在这位富

太太那儿割草打工吗？为什么还要打这电话？"男孩说："我只是想知道我做得有多好！"

只有不断地探询别人的评价，你才有可能知道自己的长处与短处。不要萧规曹随，凡事想想事出何因，多问几个为什么？

毕淑敏在她的文章《泥沙俱下地生活》中说过这么一段话："人们通常把爱好当作才能，一般来说两者相符的概率很高，但并不是像克隆羊那样惟妙惟肖。爱好这个东西，有时很迷惑人。一门心思凭它引路也会害人不浅。有时你爱好的恰是你所不具备特长的东西，就像病人热爱健康，矮个儿渴望长高一样。因为不具备，所以就更爱得痴迷，九死不悔。"所以说，一个人了解自己的特长所在是一件很重要的事情，重要到可以影响自己的生命质量！

在美国耶鲁大学的入学典礼上，校长每年都要向全体师生特别介绍一位新生。有一年，校长隆重推出的是一位在自荐表中填写"会做苹果饼"的女同学。大家都感到奇怪：怎么推荐一个特长是做苹果饼的人呢？原来，每年的新生都要在自荐表中填写自己的特长，而几乎所有的同学都选择诸如运动、音乐、绘画等，从来没有人以擅长做苹果饼为卖点。因此，这位同学便脱颖而出。

如果她当初填"擅长厨艺"，结果会怎样？肯定不会像"做苹果饼"这么打动人心。那些填擅长运动、音乐、绘画的，可能也就是会打打羽毛球、吹吹口哨或者画画线条而已。但是，他们不那样写，非要填写一个大而笼统的概念。其实，他们完全没有必要这样做。细细想来，特长就是我们自己所擅长的某种技能。

每个人都有自己的特长，只是我们平时不善于发现，或者不能够正视罢了。如果你能够了解自己的特长，充分把自己的特长利用起来，就会有所成就，反之，你将自我埋没。

鲁迅、郭沫若一开始都是学医的。作为医生，他们并不出类拔萃，后来弃医从文，成为文坛巨匠。如果他们坚持学医，那就可能埋没自己的才能。社会上行业不同、工作种类不同，需要的素质和才能也不同，如果你能了解自己的天赋和特长，有的放矢地选择事业和机会，那么，获得成功、收获成就、实现理想就将变为可能，就看你的奋斗和努力程度怎么样了，小努力小成功，大努力大成功。反之，你可能一事无成。三百六十行，行行出状元。这些"状元"们，除了追求目标勤奋、拼搏、努力、执着之外，最基本的可能就是他们发现和了解了自己的天赋和专长。然而，现实生活中，很多人不注重了解自己，盲目地跟潮随风，盲目地选择所谓热门行业，至于将来能不能事遂人愿从来不去想。这样的事例实在是太多了。

了解自己的长处从某种角度上说，甚至比了解自己的短处更重要。因为了解自己的短处只能让你明白你不应该做什么，而了解自己的长处却可以让你知道你可以做什么。

也许你会说，我这个人太平凡太普通太"贫瘠"，根本就不是一座金矿，充其量是一个"小煤窑"。其实，每个人都可能拥有一座金矿。而我们大多数人之所以终生"贫寒"，悲剧的根源在于我们不善于发现与开掘，而并非是因为我们"没有"。人生的金矿并不完全等同于地质勘探中的金矿。人生的金矿首先需要你坚信自己的拥有，然后才可能真正拥有。

了解自己的长处，还有一点就是思考。人生需要不断地实践，并在实践中积累经验与财富，但是仅有实践是不够的，因为人的生命毕竟有限，运气不好的话，也许直到生命终结，你仍然不曾发现属于自己的金矿。所以，在实践的过程中不断地认真思考是十分重要的。拿破仑曾经说："一头驴子就算经历过二十次战役也仍然是头驴子，而成不了将军。"为什么？因为驴子不会思考。

人，最难得的是对自己有一个全面而正确的认识，清楚自己的优点。每个人的身上都有待发掘的潜力，不自卑，树立自信心，充分认

识自己的微不足道的长处和优点，给自己一点成功的自我暗示——你会成功，就是这么简单的道理。了解自己的特长，变成超越他人的优势，成功就不请自来。

心灵悄悄话

大千世界，茫茫人海，每个人都是独一无二的，都有自己的独到之处，都有自己的潜能需要开发。因此，品格健全的人，往往会找到自身的本能，找到属于他自己的潜能，用一生的精力去开发，直至实现卓越的成就。

最优秀的人就是你自己

苏格拉底在风烛残年之际，知道自己时日不多了，就想考验和点化一下他的那位平时看来很不错的助手。

他把助手叫到床前说："我的蜡所剩不多了，得找另一根蜡接着点下去。你明白我的意思吗？"

"明白。"那位助手赶忙说，"您的思想光辉需要很好地传承下去。"

"可是……"苏格拉底慢悠悠地说，"我需要一位最优秀的传承者，他不但要有很高的智慧，还必须有充分的自信心和非凡的勇气……这样的人选直到目前我还未见到，你帮我寻找和发掘一位，好吗？"

"好的，好的。"助手很温顺、很郑重地说，"我一定竭尽全力地去寻找，以不辜负您的栽培和信任。"

苏格拉底笑了笑，没再说什么。此后，那位忠诚而勤奋的助手，就不辞辛劳地通过各种渠道开始四处寻找"最优秀的继承者"了。可他领来了一位又一位，结果都被苏格拉底一一婉言谢绝。

苏格拉底眼看就要告别人世了，最优秀的人选还是没有找到。助手非常惭愧，泪流满面地坐在苏格拉底病床边，语气沉重地说："我真不对起您，令您失望了！"

"失望的是我，对不起的却是你自己。"苏格拉底说到这里，很失望地闭上眼睛。停顿了许久，才又不无哀怨地说，"本来，最优秀的就是你自己，只是你不敢相信自己，才把自己给忽略、耽误、丢失了

187

自 勉

······其实，每个人都是最优秀的，差别就在于如何认识自己，如何发掘和重用自己······"话还没说完，一代哲人就永远离开了这个世界。

"最优秀的人就是你自己。"这不仅是苏格拉底留给他那位助手的至理名言，也是苏格拉底留给整个人类的一笔财富。他的那位助手因为没有及时明白这一点，结果他后悔、自责了整个后半生。让我们重温苏格拉底的这句名言，以增强我们的信心，进而信心百倍地投入到自己的学习和生活中吧。

心灵悄悄话

每个人的身上都有尚未苏醒的潜能，同时也有没能发挥出来的优势，就看你怎样对待。如果你能将自己的才能最大限度地发挥出来，而将自己的弱点转化成为优点，那么，你的人生必将有不同的风景。

这样看起来更自信

如何让自己看起来自信满满？

第一步：微笑对人。

微笑给我们健康。

常常面带微笑，对我们的身心健康大有益处。我们微笑时，肌肉、神经、表情、心灵，从内到外都是放松的，像旭日初升，绽放光芒；像花朵开放，流露芳香；像泉水叮咚，律动着快乐的音符；像春风吹拂，传送着温煦的信息。

钱福特说："一天中最大的损失，是没有笑过一声。"笑有助于消化，笑能减轻压力，笑是长寿的秘诀。

我们要笑遍世界。让笑声响彻云天，让歌声划破黑暗，让微笑长留人间。

微笑给我们美丽。

生气的面孔最丑陋。当我们照相时，摄影师总是对我们说："笑一笑，再笑一笑。"因为笑是真，是善，是美。花开的时候最美丽，水流动的时候最美丽，笑便是热情的开放，是真情的流动。

微笑，是医治信心不足的良药，是有信心的标志，积极的号角；微笑是信任的绿叶，善良的花朵；是温馨的港湾海浪轻漾，是绿色的草原春风阵阵，是浩瀚的蓝天白云飘飘。

微笑给我们友善。

微笑不仅能治愈自己的不良情绪，还能化解别人的敌对情绪。微笑是阳光，照亮晦暗的心情；赞美是春风，吹绿荒芜的人生。关切的

目光、热烈的拥抱、坦诚的握手，都是爱心的体现，给人温暖、激发友情、传递信任。

我们付出热情的微笑，收获快乐的气氛。我们既是付出者，也是受益者，为别人捎去欢乐，也为自己带来幸福。

微笑是我们能够赠予他人的最为轻而易举的礼物，却具有震撼人心的力量。爱别人，也会被人爱；欣赏别人，也会被人欣赏。

我们希望他人怎样对待自己，自己就要怎样对待他人，将心比心，己所不欲，勿施于人。

天同覆，地同载，凡是人，需相爱。我们流着同样鲜红的血，有着同样的爱憎，怀着同样的希望，藏着同样的恐惧，会犯同样的错误。人人痛痒相关，人人为我，我为人人。

我们要做一名可以使地球成为乐园的天使，我们要过一种可让人间成为天堂的生活。

微笑能化干戈为玉帛，稀释仇恨，赶跑嫉妒，中断冲突，化解矛盾。

生和死是每一个人都无法逃避的，我们都行走在出生与死亡之间。在生死的两端，无论是向前还是向后，都是无限的黑暗，而生命，便是两个永恒之间的一片狭谷，两朵黑云之间的一次闪电。在死之黑暗背景的衬托下，因为有了微笑，生命的色彩才会如此温柔、纯净、友善。

微笑给我们成功。

你一微笑，你就富有了；你一歌唱，便花香满径。

微笑可以招来朋友，朋友可以带来机会，机会可以带来财富。在家靠亲人，出门靠朋友，一个好汉三个帮，多个朋友多条路。微笑的人不会遭受拒绝，微笑的人不会害怕失败，微笑的人不会永远贫穷，微笑的人一定会成功。

要享受成功的美酒佳酿，就要乐观热情向上，而朗朗笑声，便是陪你走向庆典的伴娘。

第二步：挺胸抬头。

挺胸抬头显信心，含胸低头露自卑。有一位成功的人士名叫威廉，他小时候很瘦弱，体形瘦小。他因此对自己感觉很差，志向也不远大，在众人面前常常抬不起头。

但是，后来有一位好老师，把这一切都改变了。有一天，这位老师私下把他叫到一旁说："威廉，你的思想错了！你认为你很软弱，就真会变成这样一个人。但是，事实并非一定会这样，我敢保证你是一个坚强的孩子。"

"你是什么意思？"小威廉问，"一个人能靠吹牛使自己强壮吗？"

"当然可以！你站到我面前来。"

小威廉走过去站到老师的面前。"现在，就以你的姿势为例。它说明你正想着自己弱的一面。我希望你考虑自己强的一面，收腹挺胸。现在，照我所说的做，想象自己很强壮，相信自己会做得到。然后，真正去做，敢于去做，靠自己的双腿站在世上，活得像个真正的男子汉。"

小成廉照着他的话去做了，就这样昂首挺胸正直地走在世界上，从少年走到青年，从青年走到老年，从瘦弱走向强壮，从自卑走向自信，从平庸走向成功。当他已经 87 岁时，仍精力充沛、健康、有活力。他经常教导自己晚辈的一句话就是："记住，要站得直挺挺的，像个大丈夫。"

信心原本就是一种美丽，无论是贫穷还是富有，无论是貌若天仙，还是相貌平平，只要你昂起头来，快乐会使你变得可爱——人人都喜欢的那种可爱。

美籍华人方李邦琴，祖籍湖北汉川，1935 年 4 月 4 日生于河南，1960 年随夫到美国旧金山落脚，以仅有的 200 美元开始，做一些印刷

的小生意。后来因丈夫病重，她带着三个年幼的孩子苦心经营印刷厂，并在唐人街开了一个饭馆。2000年，她收购了美国旧金山两大英文报业之一的《旧金山观察家报》。她能取得如此骄人的成绩，一是靠信心，二是靠勤奋。她说过，她平生最欣赏的就是孔雀。因为孔雀不但有美丽的羽毛，最主要的是它那个仪态：当它走路的时候，它是把头抬起来，就像人挺胸昂头一样，给人一种有信心的感觉，让人不由自主地顿生敬意，而且它的脚是走直线的。她说："我非常喜欢它这种仪态，是那种骄傲，那种真正内心的骄傲，不是说表现得怎样骄傲。那种自我欣赏和自我肯定，我非常喜欢。"

第三步：衣着得体。

俗话说：人要衣装，佛要金装；三分人才，七分打扮。出门在外，茫茫人海，彼此的区分，主要靠外表装束。演员出演什么角色，就必须打扮成这一角色的样子。这样，观众看起来他才更像这一角色；同时，他自己也才能更好地找准这一角色的感觉。

由此可见，衣着打扮对人的心态有很强的暗示作用。身着警服，则显威严；身穿白大褂，则显圣洁；西服革履，显示文雅；衣衫褴褛，穷困潦倒。

即使是狗，它也能从衣着判断这人的贵贱。见了衣着整洁的，它会表示敬畏；见了穿着破旧的，它会狂吠不止。

自信者尚且需借衣装生辉，何况自卑者呢？

保持整洁，所费不多。尊重自己，也是尊重他人，也才能赢得他人的尊重。因此，穿着得体很值得，这样不仅使你看起来很重要，也使你自己觉得你真的很重要。

记住：外形确实会影响你的情绪，影响你内在的感觉。同时，也影响别人对自己的感觉，别人的感觉又会通过他的表情，反馈给自己，从而产生交互影响。比如，别人见了你眼睛一亮，你便也会为之精神一振；别人见了你嘴角一撇，从头把你冷冷地打量到脚跟，你便会因此而缩手缩脚。

一位父亲说：“我永远忘不了我儿子大卫的帽子事件。一次，他与几个孩子玩帽子游戏，就是用各种各样的帽子，来代表各自扮演的角色。这天，他要扮演特工队员的角色，可是他没有特工队员的专用帽子。”

我劝他用另一种帽子随便应付一下，可是他仍然吵着要一顶那种帽子。他说：“爸爸，假如我没有那种帽子，我就不能像特工队员那样思考了。”

“我终于答应他的要求，买了一顶那种帽子。结果他一戴上，居然真的像一个特工队员了。”

这个例子说明，外表与思想关系密切。当一名军人穿上军装时，他的思想、言行就都会像军人一样。而当他穿上便装时，他就会放松自己，言行就像百姓一样了。我有一位军人朋友，每当上下班时，他都换上便装，以便像普通乘客一样随便挤公共汽车。

宁可花双倍的钱买一件名贵的衣服，也不要买两件普通的衣服。有句广告说得好：要使你穿着得体，因为你永远不会付不起这个费用。

仪表是他人打量你的首要依据。虽然我们常说，看一个人要看重他的内在而不是外表，但内在的东西，诸如学识、品德、性格，并非第一眼就能让人一目了然、顿生好感的。第一印象最能赢得别人好感的地方，就是整洁、美观的仪表。况且，仪表也在一定程度上显示出了一个人的内在素质。

你的仪表会对你自己说话，也会对别人说话，能帮助别人决定对你的看法，别人对你的看法又会影响你对自己的看法。你认为你怎样，你真的就会怎样。如果你的打扮显得高雅庄重，你的言行举止、表情神态就都会显得高雅庄重；如果你的打扮看起来好像低人一等，

你真的就会低人一等；如果你自命不凡，你即使不会真的不同凡响，也不至于猥琐怯懦；如果你自轻自贱，别人绝不会因此高看你一眼。

第四步：当众发言。

练习当众发言，有助增添信心。比如当过老师的人，大多都能在任何场合侃侃而谈，无所畏惧。

很多人都不敢当众发言，一方面怕别人说自己爱出风头惹人讨厌，另一方面怕自己讲得没水平让人笑话。关于出风头，要知道，有关成功的一切都是从领风气之先开始的。至于怕丢人现眼，那就更没必要担心，即使讲得没水平，你就全当是找个机会自我训练好了。

下面介绍一个方法，可以打消当众演讲的怯场心理。这是苏格拉底教给他学生的，我们不妨试试。在苏格拉底的时代，不会演讲就意味着与仕途无缘。

一天，苏格拉底的学生阿基毕亚第斯向苏格拉底请教："为什么我演讲时总有些胆怯呢？"

苏格拉底问："你和鞋匠说话时，会不会觉得不好意思？"

"不会。"学生答道。

苏格拉底问："但如果和裁缝师说话呢？""那也不会。"

苏格拉底又问："那么，和其他职业的人呢？"阿基毕亚第斯答道："也不会！"苏格拉底说："既然如此，你不就可以把全部的听众想象成是上述那些人吗？"

阿基毕亚第斯听到此，如醍醐灌顶，心说："我以前怎么就没这样想呢？"以后演讲，果然照这样去做了，把下面的观众都想象成普通人，结果演讲大获成功。这增添了他的信心，变得有信心的他在其他方面也如鱼得水。再后来，他成了苏格拉底的学生中最有才能的人。

为什么对鞋匠和裁缝说话不害怕，而对众多人演讲就怯场呢？这就是因为不够自信。在鞋匠和裁缝面前，阿基毕亚第斯充满信心，所以他说话从容；但在众多人面前，他信心不足，因而，他就感到胆怯。苏格拉底让他将众多人当成鞋匠和裁缝，只不过是让他改换了一下心态，变自卑为自信而已。

心灵悄悄话

微笑给我们信心。挺胸抬头，昂首阔步，透露出的是自信和豪迈，既是一种自我肯定和自我欣赏，也感染别人让别人欣赏。人一旦拥有了信心，干什么都容易取得成功。

第六篇　做独一无二的自己

善于行动，才不会丢了自信

一次，爱迪生去参加友人的婚礼，当听到婚礼进行曲的时候，他突然来了灵感，然后马上回去冲进实验室，46天之后，他发明了电灯！——因为想到就做，他那一闪念的灵感，从此照亮了人类的漫漫长夜。

想到就做，不给拖延留下任何借口，这是一切成功者的行事风格。

记得有一年的高考语文题，用了清朝人写的一个故事：

四川有两个和尚，一贫一富。一天，穷和尚对富和尚说："我想去一趟南海。"富和尚说："那可不是一天两天能走到的，你准备怎么去呢？"穷和尚指了指自己平时用来化缘的一瓶一钵，说："一瓶一钵足矣！"富和尚说："这几年我一直就想买条船去南海，至今也未能去成。你靠一瓶一钵就想去，不是开玩笑吧？"一年后，两人又见面了，穷和尚对富和尚说："我刚从南海回来不久。"富和尚听了，不禁面露愧色。

当非洲协会询问旅行家勒底阿德的非洲之行什么时候可以准备就绪时，他脱口答道："明天早上。"

布卢彻因反应敏捷，在普鲁士军队中获得了"先知元帅"的绰号。

约翰·杰维斯，也就是后来的圣·文森特伯爵，当年在被问及准备何时回舰队时，他答道："立即动身。"

当科林·坎贝尔被任命为印度军队最高统帅时，有人问他什么时候能够上任，他回答说："明天。"这是他后来战功赫赫的预兆。因为赢得战争的胜利，往往就在于利用敌人一时的疏忽，把握战机，果断决策，迅速出击。

拿破仑曾经指出："在阿科纳，我以 25 名骑兵赢得了胜利。我抓住了敌军丧失斗志的时机，给这些骑兵每人一支喇叭，让他们使劲吹。两军对垒犹如二人对阵，彼此都企图从气势上压倒对方。敌军出现了一时的恐慌，我抓住了有利时机冲了过去。"另有一次，他指出："机不可失，时不再来。否则，贻误了战机，就会一失足而成千古恨。"他宣称，他之所以能打败奥地利人，是因为奥地利人从不懂得时间的价值，在他们还在磨磨蹭蹭的时候，他以迅雷不及掩耳之势征服了他们。

他们的成功在哪里？在于不失时机的立即行动力。

不要等到万事俱备后才去做，任何事情永远没有绝对完美的时候。

创意本身不能带来成功；只有付诸实施的创意才能带来成功。

每天持续地努力，不要间断。就如人走路，不怕慢，只怕站。只要持之以恒，每天努力一点，定会水滴石穿。

心灵悄悄话

行动本身会增强信心，不行动只会带来恐惧。克服恐惧最好的办法就是立即行动，果断的决策和敏捷的行动，显出我们的信心，创造了我们的成功。

行动中发现自己

有个叫查尔斯的美国人，大半生过去了，还一事无成、一文不名。55岁的那一年，他向一个国际财团申请电缆电视网执照，想为自己的下半生找个立足之地。

可在这财团管理部门工作的一个朋友却打电话告诉他，说他的申请被拒绝了。听到这消息，查尔斯突然问自己："我今后怎么办？靠什么营生？"

心灰意冷的查尔斯坐在书房里，拿起平时爱看的侦探小说打发无聊的时光。看着看着，不禁浮想联翩，沉浸在一个奇妙故事的幻想里。

查尔斯信手写下十几行潦草的句子，细一端详，发现自己竟然写下了一个充满奇思妙想的电影的基本情节。这一发现让查尔斯自己惊奇不已，不相信自己是否真有写电影剧本的才能。

如果有的话，下半辈子不就有了一份悠闲而富有创造性的工作了吗？查尔斯在书房里冷静地坐了一会儿，思索着是否有必要把这个构思继续进行下去。

想了半天也拿不定主意。忽然想起自己的好朋友、小说家阿瑟·黑利，便拿起话筒，给他挂了个电话。

查尔斯说："我有一个自认为非同寻常的故事构思，我想把它写成电影剧本。我怎样才能让它得到某个经纪人、制片商或导演的青睐呢？"

"查尔斯，因为你是我的好朋友，我就实话告诉你，你这个想法

比较幼稚。即使有人看中你的剧本，你所得的报酬也不会很多。你确信这个故事非同寻常吗？"

"我确信。"

"如果你确信，注意，你一定要确信，你就为它押上一年的时间，赌它一把，把它先写成小说，如果小说能出版，你会从中拿到版税；如果小说很畅销、很成功，你就有可能把它卖给制片商，这样又可以拿到更多的稿酬。"

"阿瑟，谢谢你！这倒是个好主意，我先考虑考虑。"

放下话筒，查尔斯陷入了沉思，放眼窗外，不停地问自己："我真能写小说吗？我真有文学天赋吗？即使有天赋，我能耐住寂寞勤奋笔耕吗？……"

经过深思熟虑，查尔斯坚定了自己的信心。他决定为自己的奇思妙想赌上一年的时间。经过一年零三个月的笔耕，查尔斯终于完成了这部小说。

结果是：这部小说先后由加拿大的麦克米兰和斯图尔特公司出版；不久，又分别在美国的西蒙公司、舒斯特和鲍玛袖珍图书公司再次出版；不久，又先后在大不列颠、意大利、荷兰、日本、阿根廷出版，成了不折不扣的畅销小说。

结果，如愿以偿，这部小说被拍成了电影——《绑架总统》，由威廉·沙特纳、哈尔·霍尔布鲁克、阿瓦·加德纳和凡·约翰逊主演。

此后，一发而不可收，查尔斯一连又出版了五部小说，成了知名的畅销小说作家。

拿破仑·希尔说："只要一个人能想出来并坚信自己能做到，就一定能成功。"

因此你要坚信自己："星星之火，可以燎原。"更为重要的是，光有信心还只是助燃剂，你还得付出艰辛和勤劳来证明自己，让汗水来

加油，使自己的天赋才华熊熊燃烧，照耀全世界。

每一个人都有着与众不同的禀赋，要善于发现自己，扬己之所长，避己之所短；好不容易发现了自己的天才火花，绝不可让它一闪即逝，要让它发扬光大。

心灵悄悄话

宽容是酿造生活美酒的蜜，是消除隔阂、沟通感情的法宝。理解他人，豁达大度，就能够保持心理的平衡，在人际关系中获得满足和快乐。让我们学会宽容，享受快乐！

自嘲，是超越自卑后的信心

福斯第说："笑的金科玉律是，不论你笑别人怎样，先笑你自己。"人有时需要笑自己的信念、遭遇以及失误，笑自己的狼狈处境，通过真实的直视，通过自嘲为自己的面子解围。2004 年雅典奥运会上，约翰逊在跨栏比赛中两次摔倒，眼镜也摔出去老远。他匍匐在地，调侃道："连眼镜都跑得比我远。"

近十多年来，活跃在中国电影界的男明星们，大多有一个共同的特点，就是长相有点"丑"，用他们自己的话说，是"有点对不起观众"。然而，他们却不以"丑"为丑，反以"丑"为荣，成了人人喜爱的明星、大腕，让人一想起来就会从心底涌出亲切的开心的微笑。

1990 年春节联欢晚会上，光头凌峰的一番自我表白，让人至今印象深刻。

他一出来，便面对十几亿中国电视观众自豪地说："你们看，我的脸是不是很'中国'？"一句话便把观众逗笑了。

他接着说："有人说，我们中华民族五千年的沧桑，好像都写在我这张脸上了！"自嘲中充满的是信心，透着豪迈，透着智慧。

话锋一转，又说："实话告诉大家，我到全国各地去，男士们对我都特别欢迎，见了我都兴高采烈；但女士们却觉得忍无可忍，难以接受。其实，我要告诉大家的是，根据科学家的研究，丑的人分两种，一种越看越丑，越看越难看；但还有一种，越看越耐看，越看越舒服。而我呢？就属于这后一种。"自嘲中充满的是信心，透着风趣，

透着幽默。

因长相丑陋而自卑，就会让人越看越丑、越看越难看；因长相丑陋而敢于自嘲，是超越自卑后的一种轻松和信心，这样的人，就会越看越耐看，越看越舒服。

我们都有这样的经验：不光彩的事情，我们愈是掩盖，它就愈是暴露无遗，而且他人也正是通过我们小心翼翼地遮掩和保护，不厌其烦地解释，看到了我们的胆怯和穷酸。相反，如果由我们自己主动道破不足，却常常会引起人们的恻隐之心和谅解，他们反倒会替我们打圆场，安慰我们"这个算什么"。

自嘲和真实可以使人即使在穷途末路时也显得坦荡无畏。鲁迅自嘲道："破帽遮颜过闹市，漏船载酒泛中流。"人们并不觉得他的颜面可怜，相反却认定这是一个必定东山再起的落难英雄，他主动点破真实处境的勇气显示着他对困境的控制力。

真实地揭露自己，可以减少心理压力，而它的反面却会双倍加重这种压力：你看，穷酸破坏了面子，第一层压力；维护面子，拼命装阔，费尽心机，又一层压力。而且这种"权宜之计"的挣扎总是枉费心思，即使我们说破大天，过去自己多么富裕，现在也不算太穷，将来会更有钱，或者干脆狠下心来铺张一次婚嫁，可是人们却依然会在我们急不可耐的说明中，在婚后的憔悴以及为了还债的忙碌里看破我们的假面具。

这一切都没有用，还不如留一份任之自便的洒脱，穷得叮当响，再不增加多余的痛苦和压力。

鬼才魏明伦是四川人，个子矮小，人曾戏称他为"袖珍汉子"，但他才高八斗。

他曾当众调侃自己："我确实比拿破仑个子矮，但同鲁迅、曹禺相当。反复衡量自己，虽没力玩枪，但有条件摸笔，于是，我就操起了文字。”

北京电视台有个《挑战主持人》的节目。一次，有一位长相实在有点寒碜的小伙与另两位标致的小伙子一起上场了。恰好是他第一个作自我介绍，他从容自如，侃侃而谈——

“我的眼睛不大，且有点近视，但这丝毫不影响我的睿智与远见；我的耳朵虽小，更提醒了我要细心倾听观众的心声；我的个子袖珍了一些，但有人曾说过：浓缩的都是精华；有人说：‘缺点在一定条件下也会成为优点。’这话多少有些夸张，但‘缺点在一定条件下会成为特色’则是毋庸置疑的。”

最后，他热情洋溢地说：“各位女士们、先生们，我就是今天的一号选手×××！我喜欢写诗，可写不过徐志摩；我喜欢唱歌，可唱不过张学友；我喜欢主持节目，他俩可能都比不过我……”边说边微笑地指了指身旁的另两位选手。

比赛结束，这位一号选手以他的从容自信、机智幽默以及丰富的知识，一举夺魁，给观众留下了深刻的印象。

美与丑，并不仅仅在于一个人的本来面貌如何，还在于他是如何看待自己的。

一个人如自惭形秽，那他就不会成为一个美人；同样，如他不觉得自己聪明，那他就成不了聪明的人。

他不觉得自己心地善良——即使在心底隐隐地有此种感觉，那他也成不了善良的人。一个人只要有信心，那么他就能成为他所希望成为的人。

自嘲是一种冒险的自尊，它不是每一个弱小和心胸狭窄的人可以学会的。

一般说，它只属于生活中那些英雄。一个敢于自嘲“破帽遮颜”的人终有一天会拥有新帽子。

尼采诗曰，要“嘲笑每一个没有嘲笑过自己的大师”，因为他认

为，尚不敢自我嘲笑的大师缺乏英雄本色，还不完美。

其实，在人贫苦和落魄时，不妨自嘲一番，与其让别人去说，不如自己先道破。

心灵悄悄话

有位作家说过：你脸上一微笑，那么你的肝也在微笑，胃也在微笑，肠也在微笑，说句幽默话，你的臀部也在微笑。

冲破命定的厚茧

这是从杂志上读到的一个真实的故事。他从小就相貌丑陋，说话结巴，还有一只耳朵失聪。祸不单行，后来又因为一场疾病，使他左脸局部麻痹，导致嘴角歪斜，一说话便很难看。

命运对他似乎太残酷了，但他并没屈服。

为了矫正口吃，吐字清晰，他从小就开始模仿古代一位曾经口吃的著名演说家，嘴里含着石子说话，常常被磨得满嘴是泡，舌头糜烂。他妈妈心疼地抱着他说："不要练了，说不好话照样能读好书。"他替妈妈擦着眼泪，懂事地说："妈妈，书上说，每一只漂亮的蝴蝶，都是通过自己的努力，冲破束缚它的茧之后才自由飞翔的。我也要做一只美丽的蝴蝶！"

经过长期艰苦的练习，他终于能流利地讲话了。在学校，因为刻苦与善良，他不仅成绩优异，而且人缘极佳，深受老师的赏识、同学的爱戴。

1993 年 10 月，他毅然决定竞选国家总理，他的竞选口号是：我要带领国家和人民成为一只美丽的蝴蝶。

他的对手居然利用电视广告夸张他的脸部缺陷，并配上这样的广告词："你欢迎这样的人来当我们的总理吗？"

然而，对手别有用心的这一招却适得其反，这一侮辱人格的行径招致很多富有正义感的选民们的谴责。当他的奋斗经历被选民知道后，选民给予了他极大的同情和尊敬，最后，他赢得总理大选。而且，1997 年再次竞选获胜，连任总理。

自然

他就是加拿大第一位连任两届的总理让·克里蒂安，人们都亲切地称他"蝴蝶总理"。

我们来到人世，有些东西是命中注定的，比如出身，我们没法选择父母；比如相貌，我们没法选择美丑；比如身材，我们没法选择高矮；比如性别，我们没法选择男女……这些与生俱来的客观因素，可以归结成"命"，就好比是我们生命最初的"茧"，我们唯有坦然地面对它、适应它、接受它。然而，还有更多的东西，则是人人都可改变、选择的，比如理想、志向、自尊、信心、毅力、勇气、品性……它们能帮助我们变厄运为幸运，穿破命定之茧、化蛹为蝶，飞向灿烂的明天，去丰富知识、增长才智，创造财富、造福社会。

心灵悄悄话

命运并不是无法改变的。只要一直抱持着自信的态度，积极乐观地面对人生所有的磨难和不幸，你的人生比现在的更精彩。

动起来才会有答案

俗话说：初生牛犊不怕虎。今人王朔创造了一句流行语：无知者无畏。这话倒也不无道理。因为，丰富的经验、成熟的人生，可能会形成一些教条框框，让我们成为教条主义的奴隶，导致我们犯经验主义的错误。因此，在我们的人生征途中，阻碍我们去探索、发现、创造的，往往不是客观上有多少艰难险阻，而仅仅是我们主观上的心理障碍和思想顽石。

1862 年 9 月，美国总统林肯发表了将于次年 1 月 1 日生效的《解放黑奴宣言》。接着就发生了解放黑奴的美国南北战争。1865 年战争结束后，一位记者去采访林肯。他问："据我所知，上两届总统都曾想过废除黑奴制，《宣言》也早在他们那会儿就已起草好了，可是他们都没有签署它。他们是不是想把这一伟业留给您去成就英名？"林肯回答："可能吧。不过，如果他们知道拿起笔需要的仅仅是一点勇气，我想他们一定非常懊丧。"记者听了这话，一直没弄明白其中的深意。

直到林肯去世 50 年后的 1914 年，后人才在林肯留下的一封信里找到了答案。在这封信里，林肯讲述了自己幼年时的一件事：我父亲以较低的价格买下了西雅图的一处农场，地上有很多大石头。有一天，母亲建议把石头搬走。父亲说，如果可以搬走的话，原来的农场主早就搬走了，也不会把地卖给我们了。那些石头都是一座座小山头，与大山连着。有一年父亲进城买马，母亲带我们在农场劳动。母

207

亲说，让我们把这些碍事的石头搬走，好吗？于是我们开始挖那一块块石头，结果不长时间就把它们都搬走了，因为它们并不是父亲想象的小山头，而是一块块孤零零的石块，只要往下挖一英尺，就可以把它们晃动。

林肯在信的末尾说：有些事人们之所以不去做，只是他们认为不可能。而许多不可能，只存在于人们的想象之中。

正是林肯幼时母亲带动的这次成功尝试，让林肯明白：凡事不去做，不知其难，也不知其易。只有动起手来，才能验证自己是正确还是错误，是强者还是弱者。

心灵悄悄话

若想做成一番大事，就不能畏首畏尾，停滞不前。只有着手去做才能知道成败与否。行动成功，会增添我们面对未来的信心；行动失败，会收获宝贵的经验和教训。

告诉自己说“我能”

众所周知，人的大脑拥有 140 多亿个脑细胞，但我们在日常的生活工作中仅启用了不到 10%，近 90% 的脑细胞均处于抑制沉睡状态。如果剩下的没有被利用的脑细胞从睡眠中激活出来，人的思维意识将更加强大。如果我们都能充满自信，就能创造人间奇迹，亦能创造一个最好的自己。因为如果你相信自己可以，你就会充分发挥自己的积极性，激活自己的潜能，想办法努力达到目标；如果你觉得自己不行，就会想办法找借口放弃，即使努力了也不会尽全力，自然不会有满意的结果。

哈佛经济学教授劳伦斯·萨莫斯曾说过：“有信心的人，可以化渺小为伟大，化平庸为神奇。”由此可见，相信自己的能力对于一个人的成功起着何等重要的作用。拥有自信的人之所以会心想事成、走向成功，是因为他们都有着巨大无比的潜能等着去开发；消极失败的心态之所以会使人怯弱无能、走向失败，是因为它使人放弃潜能的开发，让潜能在那里沉睡、白白浪费。

有一位美国小伙叫克洛尔。他的身体差，个子又不高，胆子也特别小，与其他开朗高大的人相比没有一点儿优势。长大后，他当了一名推销员，由于自身原因，他的业绩并不好。每次，他出门的时候，母亲总对他说：“克洛尔，当你在为别人做事时，要全力以赴，如果你不能的话，那就干脆不做。”但克洛尔对自己的将来没抱什么奢望，只希望不要再比别人差。

有一次，公司上司看着克洛尔的业绩实在是忍无可忍，将他叫到办公室告诉他去参加培训，不然就要开除他。克洛尔非常难过，四处寻找培训班。最后他报名参加了由梅里尔指导的培训班。一个月后，培训结束时，梅里尔找到克洛尔与他谈话，梅里尔对他说："你知道吗？克洛尔，我观察你一个月了，我从未见过像你这样浪费才能的人。"克洛尔很震惊，问为什么。梅里尔说："你其实很有潜能，但是你却把自己的位子定得太低。如果你投入工作，相信自己的能力，相信自己可以做得很好，总有一天你会成功的，一定会成为一个了不起的人。"

克洛尔简直不敢相信自己的耳朵。从小到大，除了他母亲，没有人鼓励过他，现在梅里尔的一席话胜过了他母亲多年来对他的鼓励。其实他并没有从培训中学到什么特殊的技巧，只记住了梅里尔的这番话。后来，对生活他不再满足于现状，他相信自己的能力足以让他成为一个有名的人物，他相信自己一定会成功的。他经常用成功者的思维思考，用成功者的心态面对生活。两年后，他成了全美最年轻的地区主管人。

克洛尔的故事告诉我们，自信心对于一个人的成功起着极其重要的推动作用。相反，许多积极主动的人因为自信心的毁灭而变得消极被动起来。慢慢地，他们就会对自己失去了信心。也许这开始于他们向别人暗示他们无能，也许这开始于别人的一次打击或者是一次失败的经历，或者这开始于他们认为自己不能胜任他们的本职工作的想法。很快，由于这种微妙的心理暗示作用，他们就不再像以前一样充满满腔的热情、劲头十足地去从事任何事情了。他们就逐渐失去了大刀阔斧、雷厉风行的果断行事的能力，他们很快就会对处理一些重大事情变得畏手畏脚，不敢作出决定。他们的思想很快就会变得动摇起来。因而他们就不会像以前一样成为领导者，而变成追随者。

相信自己能够成功，那么你自己就一定会取得成功，这是为什么

呢？从心理学的角度讲，人的心灵有两个主要部分，一是意识，二是潜意识。当人在意识中有了一个念头或者作好决定以后，潜意识也会随之作好所有的准备。换句话说，意识决定"做什么"，潜意识便将"如何做"整理出来。意识好像冰山浮出水面的一角，而潜意识就像是埋藏在水面下很深的部分。有人作了这样形象的比喻：人体的神经子系统特别是大脑，就像电脑的"硬件"，意识就像这部无比精密的电脑的"操作者"，潜意识就等于电脑的"软件"。

一个人如果下定决心做成某件事，那么他就会凭借意识的驱动和潜意识的力量，跨越前进道路上的重重障碍，成功也就有了保障。

成功是产生在那些有成功意识的人身上的，失败则是产生在那些不自觉地让自己产生失败意识的人身上的。

如果我们不相信自己的能力，那么他人也不会不相信我们。假如他人因为我们经常表现出的缺乏自信、消极软弱而认为我们无能和胆小，那么，我们将不可能得到他人的信任与支持并因此而获得成就。

假如我们养成了一种坚定自信的习惯，那么人们就会认为，我们将会比那些缺乏自信或那些给人以软弱无能、自卑胆怯印象的人更有可能赢得成功。

希尔顿，世界酒店大王，他开创的希尔顿集团是连锁机构遍布全球的高档酒店，几乎无人不知、无人不晓。但你可曾知道希尔顿在开始创业时仅有200美元资金。也许你会有疑问，那他凭什么会有那么大的成就呢？是有靠山吗？其实答案只有四个字——相信自己。

希尔顿创业之初，在全面衡量考虑之后，把眼光瞄准了酒店业。虽然他几乎没有任何启动资金，但强烈的自信让他预感到了他将会成功。他相信自己的判断能力和专业能力，也相信在接下来的日子里自己能克服困难，解决问题，并且成功地走下去。因此，他凭着超强的自信四处游说，希望那些银行家和风险投资商们能为他的项目注入资金。最终，在希尔顿强烈自信心的感染下，再加上他的项目本身的切

实可行，许多金融家纷纷投资。

有了这些资金作为后盾，希尔顿的项目很快就被启动了。但就在酒店建设进行到一半时，有一个投资商由于听信了谣言而对希尔顿产生了怀疑，并嚷着要撤出资金。稍微有些金融常识的人都知道，假如这时有人突然撤资，很可能会引起雪崩般的连锁反应，到时一看形势不好，可能所有的投资人都会提出这种要求。由于许多资金已经投资进去，希尔顿已经没有能力去全部偿还那些投资者，到时资不抵债的他很可能会被起诉。

面对这突如其来的变故，自信的希尔顿却冷静如常、镇定自若。他提前准备好了大量的现金和支票，随后把那个吵着要撤资的投资商请了过来，然后开诚布公地问他：想要现金还是支票？来人看到了希尔顿那满抽屉的现金与支票后，仍然不为之所动。希尔顿又对他说："等你走时，假如你还是要坚持撤回投资，那就现金支票任你选。"无疑，希尔顿的这番信心十足的话语，起到了震慑的作用。那个人一时不再谈论要撤回投资的事，看着自己已稳住了对方的情绪，接着，希尔顿又乘胜追击。希尔顿并没有去直接反驳他，让他收回撤资的决定，而是丝丝入扣地为他分析道："你看，现在项目已经展开，如果按预定的计划进行下去，你一定能够得到应有的投资回报。但如果你这时宣布撤回投资的话，那么，你不仅得不到收益，而且会因为破坏合同而必须进行赔偿，将会更加得不偿失。"那个人最终为希尔顿的冷静镇定、坚定的话语所感染，决定继续进行投资，酒店的建设也得以顺利进行，希尔顿的事业从此蒸蒸日上。

可见，你所传达的信念能够感染你周围的人，更能给你带来成就和财富。假如你是位领导者或发起人，你的信心将会直接影响到下属和合作者的信心，尤其是在关键时刻，就更应该表现出你的自信与面对问题的勇气和冷静。假如你本人都已丧失了信心，一片慌乱，其他人一定会更加慌乱，更加不知所措。

换言之，自信与他信几乎同等重要，要使他人相信我们，我们自身首先必须展现强烈的自信和必胜的精神。

世人都会青睐那些极具自信且有胜利者气度的人，总是喜欢那种给人以必胜信心并总是在期待成功的人。

给人以朝气蓬勃充满活力形象和令人从内心感到可靠的，正是我们身上那种神奇的自我肯定的力量。假如你的心态不能给你提供精神动力，那么，你就不可能在世上留下一个自信者、积极者的印象。一些人总是奇怪自己为什么在社会中没有地位，不受人关注，似乎自己的存在是无足轻重的事情。其中的原因就在于他们不能像自信者、征服者那样去思考，去行动。他们没有自信者、胜利者或征服者的心态，他们总给人以软弱无力的感觉。要知道，思想积极的人才富有魅力，思想消极的人则使人反感，而胜利者总是在精神上先胜一筹。要知道，要想征服一个人，先要征服他的心。

假如我们具有一种无与伦比的自信，假如我们展示给人的是一种自信、勇敢和无所畏惧的形象，那么，我们的事业必将会获得巨大的成就。

自信的人总是成功。这不是因为他们有什么特殊的才能，而是因为上天偏爱自信的人。请记住：只有内心才能影响你，其他所谓的外部条件都只是懦弱者的借口。这是人类心理的一条基本规律。而你需要做的其实很简单，那就是"相信自己！"

心灵悄悄话

约瑟夫·奈曾说：凡事欲想成功，必须依靠自己的凡力而不能借助上帝的神力。

你并不比别人差

米开朗基罗在拉斐尔的工作室中的一尊精巧塑像下写了这样一句话"做一个更了不起的人"。正是他这不输于人的、不比别人差的雄心壮志使得他的人生有了不一样的结果，开出了美丽的艺术之花，令后人仰慕，这种强大与志向促使他去完成目标，实现梦想，帮助他抵抗那些在实现梦想途中的艰难困苦。

有个年轻人很想有所成就，经过多次尝试，始终没有成功，渐渐地，他失去了信心。后来有一个机会，他去拜访了一位成功的长者，痛苦地问："为什么别人努力的结果总会成功，而我努力却没有一点收获呢？"

长者微笑着，没有回答，反问了他一个无关的问题："如果我送你'芳香'两个字，你首先会想到什么？"

年轻人很不解地回答说："我会想到糕点，虽然前不久我刚开的糕点店已经关闭了，但是我仍会想到烘焙间那些芳香四溢的糕点。"

长者点了点头，然后带他拜访了一位动物学家朋友。见面后，长者问了对方一个相同的问题。

动物学家回答道："这两个字，首先使我想到眼下正在研究的课题——在大自然界，有不少奇怪的动物，利用身体散发出来的芳香做诱饵捕捉食物。"

之后，长者又带他去拜访一位画家朋友，也问了对方这么一个问题。

画家回答道："这两个字，使我联想到百花争妍的野外和翩翩起舞的少女。芳香，能够给我的创作带来灵感。"

年轻人始终不明白长者的用意，但也不好贸然开口问。

在返回途中，长者又顺便带他拜访了一位久居海外、刚刚回国探亲的富商。谈话中，长者也问了对方这么一个问题。

富商动情地说："这两个字，使我联想起故乡的土地。故乡泥土的芳香，令我魂牵梦绕。"

辞别富商之后，长者问年轻人道："现在，你已经见过不少出色的人物了。那么，他们对'芳香'的认识与你相同吗？"

年轻人摇了摇头。

长者继续问："那他们对'芳香'的认识又相同吗？"

年轻人又摇了摇头。

长者笑了，意味深长地说："其实在生活中，每个人都有与众不同的芳香，你也一样。为什么你现在做得不像别人那么出色呢？那是因为你只是在看别人如何欣赏他们的芳香，而把自己的芳香给忽视了……"

一朵最不起眼的小花，也有它的芳香、它的美丽、它的不可取代，所以，不要跟别人比，不要盲目地羡慕别人拥有的东西，学会正视自己、珍惜自己，欣赏自己身上的芳香。

在现实生活中，有些人总是羡慕别人，憧憬别人的财富与成功。他们总是试图表现出自身并不具备的品质，最终把自己搞得心神疲惫。其实你就是你，不是别人；你不需要成为别人，也不可能成为别人。每个人都有自己的芳香，只要做好自我就已经足够了。无论你想在哪一个领域中获得成功和自由，都必须保持自己的特色，培养自己的风格。

而且你要想成为一个有价值的人、一个可以获得成功和享受自由的强者，就必须展现出自己所特有的东西，必须发掘自己的特殊性。

自怨

在当今竞争激烈的社会，不展示自己的独特性，连生存都困难，更别奢谈发展与成功了。

因此，任凭世事纷纭，你要好好把握自己，不要忽视自身的芳香，小看了自己，因为每个人都有适合自己的路。走在适合自己的道路上，人生才是有意义的。在决定成败、决定前途和命运的关键时刻，务必像雄狮和苍鹰那样独立，你的人生才能焕发出别样的美丽。

你要相信，每个人在世界上都是独一无二、无可取代的，没有谁比谁差，而人具有的这种与众不同的特性，既可以表现在一个人的生理素质和心理素质上，也可以表现在一个人的社会阅历和人际关系上。如果忽视或抹杀自己的特性，是永远不可能获得真正的成功和自由的。

每个人都渴望得到成功，但是在成功路上总会充满荆棘，假若你放弃，那么你永远不会成功。只有不断地坚持，时刻鼓励自己"别人做到的我也可以"，总有一天你会获得成功。

心灵悄悄话

比尔·盖茨曾说：卖汉堡包并不会有损于你的尊严。你的祖父母对卖汉堡包有着不同的理解，他们称之为"机遇"。